❖
ミズグモ *Argyroneta aquatica*
[Biopix,dk:Niels Sloth]

❖

ミズグモ *Argyroneta aquatica*

［（財）東京動物園協会提供］

ガラス蜘《ぐ》蛛《も》

L'Araignée de verre

Maurice Maeterlinck
モーリス・メーテルリンク●著
高尾歩●訳
杉本秀太郎●解説

工作舎

目次●ガラス蜘蛛《ぐも》［1932］

【凡例】

1――『ガラス蜘蛛』の翻訳にあたっては、*L'Araignée de verre*, Paris, Fasquelle, 1932 を底本とした。

2――本書『ガラス蜘蛛』は二十四章から成るが、各章それぞれの見出しは原文にはなく、把握しやすいように付したものである。

3――本文行間の「★」印は訳註を示し、訳註は章の最後に置いた。

4――登場する蜘蛛の学名は、イタリック体で示してある。

5――挿画や写真は原著にはないが、理解しやすいように新たに収録した。出典はそれぞれに付した。

6――『青い泡』の五篇は、*Bulles Bleues—Souvenirs heureux*, Éditions du Rocher, Monaco, 1948 を底本として、抜粋した。

ガラス蜘蛛・*L'Araignée de verre*

M・メーテルリンク　1932

I　水中のドラマ

花の天才が繰り広げてきた見事な仕事ぶり、その目録に名を列ねるものの中でも、種の維持に欠かせない他家受粉を昆虫たちに行なってもらうために、セージやランが生み出したさまざまな装置はすばらしいものだが、セキショウモの婚礼のドラマは、さらにそれを凌いで輝かしい。

じつを言えば、生涯を水底で、一種の半睡状態で過ごすこの地味な植物は、罠を仕掛ける花ほどの複雑な知性、技術的に完璧な知性を見せてくれるわけではまったくない。けれども、その婚礼の、英雄的にして悲劇的な美しさによって、特権的な地位を占めるに値するのである。

おそらく覚えておいでのことと思うが、[★1] 愛する時がやって来ると、雌花は、自分が育った水底の泥からその花柄の長い螺旋を解き、川面に顔を出して花開く。すると、隣

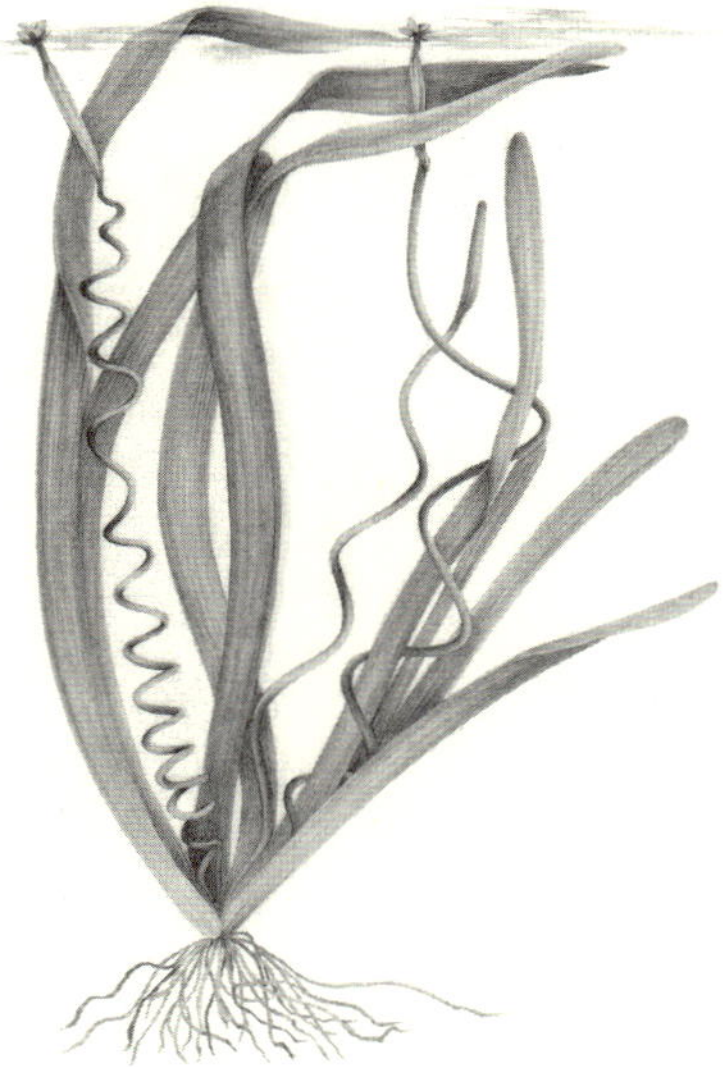

❖
セキショウモ。水面で待つ雌花を追って、
螺旋を描きながら雄花の花柄がのび上がる。
［画:竹原敏恵］

の株から、今度は、陽光の射す波をとおして雌花の存在を察知した雄花が、いくつも、生まれ故郷の闇の遥か上方、不思議の世界で揺れながら、自分たちを待ち、自分たちを呼んでいる雌花の方へと、希望にあふれて上ってゆく。しかし、途半ば、のんきな許嫁《いいなずけ》のもとにまだ到達できないうちに、その短すぎる茎が、突然雄花を引きとめる。この運命を生まれながらにして予感していたのか、雄花は、その中心に空気の泡を一つ閉じ込めていた。そして、幸福のもとへと上ってゆくべく、すばらしい力を発揮して、生命の糧を与えてくれていた絆を敢然と断ち切り、花柄から身を引き離し、比類ない躍動をもって、水の面を突き破るのである。死ぬほど傷ついて、しかし、晴れやかに輝き、自由になって、雄花は愛するものの傍らに一瞬漂い、花粉を投げかける。受粉が成し遂げられると、その後は、身を犠牲にしたものたちはすっかり気力も失せて、ただ死に赴くばかりであるが、すでに母となった結婚相手の方は、犠牲者の最後の吐息の息づく花冠を閉じ、螺旋を巻いてふたたび深みに下りてゆき、そこで命を懸けた結合の実りを成熟させるのである。

★1――――『ガラス蜘蛛』に先立って刊行された『花の知恵』(一九〇七)(翻訳、一九九二年、工作舎)の中で、メーテルリンクはセキショウモの婚礼のドラマについて詳しく記述している。

II　虫たちの発明

虫の世界において、セキショウモとよく似た生息域にあって、同じように特権的かつきわめて特殊な地位を与えられるべきなのは、一匹の、あまりよく知られていない蜘蛛である。その創造的なイマジネーションは、やはり、あの領域、さまざまな動植物のアイディアが人間の抱く構想に近づこうと活発にはたらいている、あの領域から発している。クモ形類の一種のアルギロネタ・アクアティカ（*Argyroneta aquatica*／ミズグモ）で、これまで、ヨーロッパでもどちらかというと北の方の水中でしか見つかっていない。

ここで、ついでながら思い出しておきたいことがある。社会性を有するハチ目やシロアリ目は、人間のものとはまた別の、目を見張るような秩序の存在をわれわれに明かしている。だが、それ以外にも、われわれ人間のものとされる発明の数多くが、虫たちの間では、すでに先史時代に実現を見ていたものと認められる、ということだ。人間に

❖
クリスタルの潜水服をまとってダイブするミズグモ。
[Brehm's Tierleben, 1884]

とっては、今から三、四世紀をさかのぼる、初歩的で古いものとされている発明のかずかずも、あるいはまた、予想を遥かに超える驚くべきものとされた、何十年か前の発明のかずかずも。人間に先行して現れたこの地球上で、やがては人間を排除し、人間に取って代わることになるであろう虫たち、人間が地球上唯一恐れるべきライバルである、あの虫たちの世界では。

　そもそも、われわれが下級と決めつけている他の動物たちでも、何らかの点で間違いなく人間の先を行っている。たとえば、シビレエイが備えている不思議な帯電装置や、ある種の深海魚が持つ眩いばかりのサーチライトについて、われわれはどう説明できるだろうか。しかし、何といっても、不安にさせられるほどまでに、われわれを遥かに凌いでいるのが、虫たちだ。虫たちのものに比べたら、人間の筋肉や、感覚や、神経の強度や、生物学的知識や、生命力なんて、何だというのだろう。さらに、とくに人間のものとされる領域、今しがた話題にした魚たちと人間とが競い合っている技術者たちの領域に目を向けてみれば、ツチボタルの幼虫やホタル、そしてとりわけあのすばらしいビワハゴロモの放つ冷たい光に比べて[★1]、人間の照明装置はどれほどの価値を持っていると

❖

ユカタンビワハゴロモ

［レーゼル・フォン・ローゼンホフ, A.J.『昆虫学の楽しみ』より／
参考文献：荒俣宏著『世界大博物図鑑』(1)［蟲類］(1991 平凡社)］

いうのだろう。われわれにとっては最高の照明装置も、消費される電力のほんの一部を光に還元するだけにすぎない。けれども、これらの虫たちは、何らかの別の電力を、一条の光も失うことなく、完全に光に作り直してしまうのである。この電力について、今のところわれわれにはその性質がまったく分かっていないが、もしそれを人間が人間のサイズに合わせて使えるようになれば、想像もつかぬほどの輝きをもつ松明か灯台で夜を照らせるようになるであろう。とはいえ、研究に長い時間を要するこうした問題にはかかずらわずに、蜘蛛の話に戻るとしよう。

★1——ビワハゴロモの中でも、とくに熱帯のユカタンビワハゴロモは、その大きな頭部が光るという説があるが、事実は未だ解明されていない。

III　クモ形類

虫の王国において、クモ形類は最も天分に恵まれ、また、最もロマンティックな名を授けられた一族である。ワルクナール[★1]による目録は、シェイクスピアの夢幻劇のプログラムを思わせる。なかでも、エペイラ（*Epeira*／オニグモ属）の高貴な行列が舞台上を進んでくるのは見ものだ。

王冠を戴いたアラネウス・ディアデマトゥス（*Araneus diadematus*／ニワオニグモ）、森を好むアラネウス・アルシネ（*Araneus alsine*／コガネオニグモ）、喪に服しているアラネウス・ルグビス（*Araneus lugubis*〈*Araneus picta* のシノニム〉／和名なし）、涙にくれるアラネウス・ラクリモスス（*Araneus lacrymosus*／和名なし）、粧《めか》したエウスタラ・エウスタラ（*Eustala eustala*〈*Eustala anastera* のシノニム〉／和名なし）、カラッとしたネオスコナ・アディアンタ（*Neoscona adianta*／ドヨウオニグモ）、碧玉を飾ったアラネウス・ジャスピダトゥス（*Araneus jaspidatus*

／和名なし）、ヴェールで覆ったミメトゥス・ディシムラトゥス（*Mimetus dissimulatus*〈*Mimetus syllepsicus* のシノニム〉／和名なし〈センショウグモ類〉）、葉をつけたラリニオイデス・フォリオサ（*Larinioides foliosa*〈*Larinioides cornutus* のシノニム〉／ナカムラオニグモ）、キツネの尾をつけたアラネウス・ヴルピヌス（*Araneus vulpinus*／和名なし）、輝きを放つアラネウス・エンファヌス（*Araneus emphanus*／和名なし）、女神ルーキーナのようなシンガ・ルキナ（*Singa lucina*／和名なし）、黄金色のアルギオペ・ルゾナ（*Argiope luzona*／和名なし〈コガネグモ類〉）、魔女キルケのようなエリオフォラ・クルクラタ（*Eriophora culculata*／和名なし）、女神ヘカテのようなガステラカンタ・ヘカタ（*Gasteracantha hecata*／和名なし〈トゲグモ類〉）、扇を翳したミクラテナ・フラベラタ（*Micrathena flabellata*〈*Micrathena furcata* のシノニム〉／和名なし）、抜け殻のようなミクラテナ・レドヴィアナ（*Micrathena redsiana*〈*Micrathena gracillis* のシノニム〉／和名なし）、——まるで、自分たちには、名前によってすでに性格も衣裳も決まってしまっている役柄を演じる用意がある、と言わんばかりである。

J・H・ファーブル★2は、その『昆虫記』の第九巻を、まるごと一冊、これらの蜘蛛たちのうちのいくつかの記述に当てている。ナルボンヌのリコサ（*Lycosa*／コモリグモ）の巣

❖

アラネウス・ディアデマトゥス（和名：ニワオニグモ）

［ドノヴァン，E.『英国産昆虫図譜』より／

参考文献：荒俣宏著『世界大博物図鑑』(1)［蟲類］（1991 平凡社）］

穴や孵化袋、エペイラたちの驚くべき巣、とくに、細管――というのも、そのほとんど目に見えない糸の一本一本が空洞になっているからだ――でできた網を持つアルギオペ・ファシアタ（*Argiope fasciata*〈*Argiope bruennichi* のシノニム〉／ナガコガネグモ）やアルギオペ・ロバタ（*Argiope lobata* ／ウスイロコガネグモ）たちの巣、隠れ家に潜んでいる虫に、対数螺旋をした幾何学的な巣のどんな小さな揺れをも伝えてくれる電信線を備えた、鳥もち竿付きの罠を作り上げている巣のことなど、思い出していただきたい。

けれども、ファーブルが主題を扱い切ったとは言いがたい。たとえば、A・ヴァンソン博士★3による記述が残されているエペイラ・マウリティア（*Epeira Mauritia*〈*Gasteracantha rhomboidea* および *Argiope trifasciata* のシノニム〉／モーリシャスオニグモ）のことを、ファーブルは知らなかった。この蜘蛛は、巣の真ん中に、ジグザグに折りたたまれた並外れて大きな白い綱を張っている。ハエや小さな虫が罠にかかった場合には、それらに軽い糸を投げかけるだけなのだが、バッタや大きなサイズの虫がかかると、取って置いた太いロープを解き、それを何重にも巻きつけて、怪獣をゆっくりと締め上げてゆくのである。

ファーブルは、また、おそらく見かけたことがなかったためだろうが、なかでもとくに興味深い物語をもつ二つの蜘蛛、ミガレ・フォディエンス（*Mygale fodiens*／オオツチグモ）とアルギロネタ・アクアティカ（*Argyroneta aquatica*／ミズグモ）とには、まったく触れていない。ミガレ・フォディエンスは腹の丸い大きな蜘蛛で、コルシカ島特産とされるが、私は南フランスのソスペル村でりっぱなものを見つけたことがある。そして、アルギロネタ・アクアティカ、私がこの本を捧げようとしているつましい蜘蛛は、どうやらロワール河を北から南に越えたことがないらしい。

★1——ワルクナール Charles Athanase Walckenaer（一七七一—一八五二）
フランスの博物学者、地理学者で、ラ・フォンテーヌの『寓話』などに関する文芸批評も残している。

★2——J・H・ファーブル Jean Henri Fabre（一八二三—一九一五）
『昆虫記』で知られるフランスの昆虫学者。

★3——A・ヴァンソン Auguste Vinson（一八一九—一九〇三）
レユニオン島、モーリシャス島、マダガスカル島の蜘蛛に関する著書を残したフランスの医者・博物学者。

IV　さまざまな工夫を凝らして

ミガレ・フォディエンスというのは、巨大で恐ろしい熱帯オオツチグモの、およそおとなしい親戚で、その生態はすばらしいが複雑ではなく、数行にまとめることができる。鋏にも熊手にもなる触角を装備し、鉤のある付節を持ったこの蜘蛛は、粘土質の地面に、自分の体の大きさに比べてかなり深い穴を掘り、その内部の表面をクモ糸で覆う。こうして、穴沿いに、たやすく上ったり下りたりできるわけである。我が家となるこの立坑に、ミガレ・フォディエンスは、クモ糸を混ぜ合わせた粘土の円盤で蓋をする。蓋は穴の口にぴったり正確にはまるようになっていて、蓋の内側の表面はクモ糸で覆われ、念入りに滑らかに仕上げられているのだが、蓋の外側の方は、あまり注意を引くことがないよう、野原の小道の地面のように、凸凹なままの状態にされている。ところで、この蜘蛛は、あまりに無邪気にいろいろな策をめぐらしてしまうので、その熱心

❖
ミガレ・フォディエンス（和名：オオツチグモ）の巣穴。
［Félix Hément, La Nature, 1890］

さと用心深さがかえって蜘蛛自身を裏切ることもしばしばであり、たとえば、周辺の地面に苔は見当たらないのに、館の扉をより上手く隠すと信じて、館のまわりを苔でびっしり覆ってしまったりする。工夫を凝らしすぎるほど凝らした、この扉、というか蓋は、また、蜘蛛が獲物を狩りに出かけようとして持ち上げると、丈夫で柔らかな繊維でできた蝶番によって開く。さらに、蝶番の反対側には半円形に並んだいくつもの小さな穴があって、非常事態には、蜘蛛がそこに鉤爪を差し込んで、入口をロックすることができるようにもなっているのである。

巣穴を掘る蜘蛛の中では、ミガレ・フォディエンスに近縁の面白い種がいくつかあり、たとえば、地上に突き出た先端が罠になった巣穴を持つアティプス・アフィニス（*Atypus affinis*／ジグモ）などが挙げられる。もっとも、罠を仕掛ける陸生の蜘蛛の種類はかなり多く、専門の研究を要するだろう。

蜘蛛の真価を知るためには、蜘蛛が見せるすばらしい母性愛についても、触れておかねばならないだろう。そこには、蜘蛛が非常に興味深い知性や文明を持つものであること、そして美徳、たとえば人間の世界において英雄的とみなされる自己犠牲を行なうものであることが、はっきりと見てとれるのである。どこの家にもいる小さな蜘蛛、スキトデス(*Scytodes*／ヤマシログモ)やフォルクス(*Pholcus*／ユウレイグモ)が見せる犠牲と同じような犠牲を、われわれ人間は、家族のどこに見出せるだろうか。これらの蜘蛛は、卵が孵化するまでの間、ずっと、卵嚢を自分の鋏角の間に一心に持ち続ける。つまり、自分たちはものを食べることができず、完全な断食状態におかれるのである。どこの草むらにもいるピサウラ・ミラビリス(*Pisaura mirabilis*／キシダグモ)、この蜘蛛が準備するもの以上に上手く考えられ、手際よく整えられる「子供部屋」が、人間世界のどこにあるだろうか。孵化が行なわれる核となる卵嚢のまわりに、蜘蛛は、規模の大きな第二の卵嚢を織り上げる。それは、屋根付きの校庭か保育園といったものに形作られ、その中で、子供たちは生まれて初めてはしゃぎまわることになるのだ。そして、子供部屋の拡張は、母蜘蛛が力尽きて死んでしまうまで、くり返し行なわれてゆくのである。

V　ミズグモの仲間たち

　さて、本題に入ろう。すなわち、アルギロネタ・アクアティカ（以下「ミズグモ」と表記）の、ドラマティックで、創意工夫に富んだ、言ってみれば人間的な生き方を、見てゆくことにしよう。タナグモ科のミズグモは、同じ科の蜘蛛たちの中でも、ほぼ他に類を見ない存在だ。ほぼ、と言ったのは、この蜘蛛が一つの長い進化の頂点を飾るものであるにもかかわらず、その進化の跡が、さほど苦もなくくまなく辿り直すことができるからである。たとえば、水面を歩けるばかりでなく、自分の体を空気の層でくるんで瞬間水深二十センチメートル以上潜ることができる、ヨーロッパの蜘蛛の中でも最も大きなものの一つ、ドロメデス・フィムブラトゥス（*Dolomedes fimbratus*／ハシリグモ）がいる。また別の蜘蛛、熱帯の海に住むデシス（*Desis*／ウシオグモ）や地中海にいるデシディオプシス（*Desidiopsis*／和名なし）は、波の中に餌を探すため、自ら波に呑み込まれる。とくにデシディオプシスは、リュシアン・ベルラン氏[★1]が、この蜘蛛に捧げたそのすばらしい論文で明らかにしたように、多孔質の石に空いた穴を好んで選び、潮が満ちてくると、穴の口の前にクモ糸の防水カーテンを織り上げる。デシディオプシスの中の一つ、L・ファージュ氏[★2]によって記載されたデシディオプシス・ラコヴィルツァイ(*Desidiopsis Racovilzai*／和名なし)は、奇妙なかたちでミズグモに似ている。ミズグモと同じく、この蜘蛛も、腹部を包み込む空気の層だけに守られて、長い間水面下にいることができる。同じように一種の釣鐘型潜水器といったようなものを作って、その中に卵を産むのだが、淡水に住むわれらがミズグモのように泳ぐことはできない。

　これらの蜘蛛たちがすべて、ミズグモと同じく、もっぱら気管だけの呼吸を行なっており、水中に溶解した空気を使うことを可能にするような気管鰓を持っていないことに注目しよう。これらの蜘蛛たちは、単に空中で生活するだけの蜘蛛から、水という、自分たちの種全体にとって一切近寄れないものであった要素を征服することに成功したミズグモへの推移の、過渡的な表れなのである。そして、自然が、(望むとおりにすることができたはずなのに、なぜか)手探りしながらしか、あるいは、概して慎重に、少しずつ段階を踏んでしか、事を行なわないものであることが、ここでもまた分かるのである。

★1——リュシアン・ベルラン Lucien Berland（一八八八—没年不詳）
パリの自然誌博物館に勤め、とくに膜翅類の研究で知られるフランスの昆虫学者。

★2——L・ファージュ Louis Fage（一八八三—一九六四）
パリの自然誌博物館で教鞭をとった海洋動物学者。

VI ミズグモ、その分類学的描写

ここで、ちょっと珍しいものとして、また、昆虫学文献の一例として、ウジェーヌ・シモン[★1]が『フランスの蜘蛛類』の中でミズグモに関して記した、分類学的な描写を紹介しておこう。「頭胸部は赤褐色ですべすべしており、細かな黒い毛が生えていて、これは前方で三本の縦縞となる。頭部は非常に長く、その両側面はほぼ平行。上部の眼はかなり大きく、大きさも揃っていて、前方でごくかすかにカーブするラインをなして並び、中央の眼の間隔が側面の眼の間隔よりわずかに狭くなっていて、側面の眼はやや持ち上がっている。前方の眼はまっすぐなラインをなし、上部の眼より少し小さくずっと密に接近している中間部の眼はほとんど輻合状態にあり、同じラインの側面の眼よりやはり小さい。これらの眼はすべて黒く縁取りされている。眼のエリアとほぼ同じ幅を持つ眼帯はゆるい凸型になっており、縁は波打っている。黒褐色の鋏角は長く非常に強固で、基部は覆い隠され、末端はわずかに分岐している。非常に長い鉤爪は、基部がやや膨らんでいる。表面の溝の下の縁には、間隔を大きくあけて二つの鉤先があって鋭い切っ先を向けているが、このうち付け根に近いものがとても強い。溝の上の縁には、より小さな揃いの鉤先が三つ備わっている。後方で狭まる細長い腹部は褐色で、同じ色の絹のように柔らかな毛で覆われている。顎は赤味を帯びた褐色」。

★1――ウジェーヌ・シモン Eugène Simon（一八四八―一九二四）
『蜘蛛の博物誌』という大著を残したフランスの著名な蜘蛛学者で、日本の蜘蛛についても二十六種を発表している。

VII 昆虫学者の仕事

この記述を読めばミズグモとすっかり仲良しになるとも、ミズグモをその仲間たちから区別できるようになるとも、言うつもりはまったくない。けれども、どんなに読んでも仕方のない面白味のないものに見えても、こうした分類学的な記述は必要不可欠なのである。もちろん、そこに昆虫学のすべてを見るべきではないだろうが。分類学的な昆虫学を代表する最も優れた人物と言えば、一七九七年に生まれ、一八八〇年にリヨンで没したマルシアル＝エティエンヌ・ミュルサンだろう。★1 彼は『甲虫目の歴史』という未完の大作を残したが、これは、彼が死んだとき、すでに三十五巻を数えていた。二巻にわたる『ハチドリの博物誌』、テントウムシに関する千頁以上、『フランスのカメムシの博物誌』に捧げられた八つ折判が五巻。彼に対する賞賛を惜しまないドイツ人たちは、彼のことを「昆虫学の父」と呼んだ。長く疲れを知らぬ生涯をすっかり使い果たしてしまったこの膨大な作品の中で、彼が、虫の習性、習慣、特性、心理といったものに、要するに、ひとことで言えば、虫の生命に、触れたことは一度もなかった。虫たちは、結晶か、生命をもたない物体か、分類カードか、番号のようなものと見なされているのである。

分類学的な研究がなければ、われわれは共通の言語が持てず、誰について、何について話しているのか、分からなくなってしまうことだろう。だが、分類学的研究は、その果たすべき努めを、もうほとんど終えたのだ。観察者たちの仕事の方は、まだ、やっと始められたばかりだというのに。レオミュール、ユベール、ファーブル、フォレル、ヴァスマン、ホイーラー、ラボック、ビュニオン、ブーヴィエ[★2]、ウジェーヌ・シモンといった人たちは、結局のところ、二、三百の虫を研究したにすぎなかった。われわれがほとんどまったく知らずにいる幾千もの虫がいる。これらの虫については、その誕生や変態、交尾、食べ物、死以外、ほとんど何も言うべきことがない、というわけだろうか。さほど目立たず、さほど驚くべき存在でないとしても、それらの虫も、やはり生命の根源の近くにいることに変わりはないのだ。たしかに、仕事は決して容易ではないだろう。虫たちに比べたら、鉱物の方が、まだ、われわれ人間に近いのだから。

★1——マルシアル＝エティエンヌ・ミュルサン Martial-Étienne Mulsant（一七九七—一八八〇）とくに昆虫に関する数多くの著作を残したフランスの博物学者。

★2——レオミュール René Antoine Ferchault de Réaumur（一六八三—一七五七）は、列氏目盛の発明や鉄鋼の研究で知られるフランスの科学者で、『昆虫誌』六巻の著者としても有名。ユベール Pierre Huber（一七七七—一八四〇）は、アリの生態の研究に先鞭をつけたスイスの博物学者で、父フランソワ・ユベールもミツバチの研究の先達として知られる。フォレル Auguste Forel（一八四八—一九三一）は、アリの社会性に関する研究で知られるスイスの昆虫学者。ヴァスマン Wassmann（生没年不詳）は、アリの奴隷制度や寄生の研究で知られるドイツの研究者。ホイーラー William Morton Wheeler（一八六五—一九三七）は、ハーバードの昆虫学教授・蟻類学者で、とくにレオミュールの『蟻の博物誌』の紹介で知られる。ラボック John Lubbock（一八三四—一九一三）は、イギリスの政治家で、ミツバチやアリの研究で知られる博物学者でもある。ビュニオン Édouard Bugnion（生没年不詳）は、シロアリの分類研究で知られるフランスの昆虫学者。ブーヴィエ Louis Bouvier（一八五六—一九四四）は、昆虫世界の社会性についての研究で知られるフランスの博物学者。

VIII

銀色の蜘蛛たちとの出会いと再会

あれは一八七〇年のこと。私の周囲で、ひとびとがフランスの最初の敗北を嘆いてしきりに戦争の話をしていたので、はっきり覚えている。したがって、私は七、八歳だった。ひそかに博物誌に関心を寄せていた私の祖父が、ゲントの優れた昆虫学者であるフェリックス・プラトー[★1]、光学や分子力学に興味のあるひとなら誰でもよく知っている有名な物理学者ジョゼフ=アントワヌ・プラトーの息子なのだが、その人物の手引きで自分の庭の水たまりに見つけたミズグモを、私に見せてくれたのである。

この祖父の庭は、私に初めての植物学、そして昆虫学の講義をしてくれた。祖父は、庭に蜂のための藁製の釣鐘型巣箱を並べ、『蜜蜂の生活』に書いたように、それらは鮮やかなバラ色や、明るい黄色や、淡いブルーに塗られていた。とくに淡いブルーのものが多かったのは、それがミツバチの好みの色であることを、祖父がジョン・ラボック卿よりずっと以前に観察していたからである。丸く太い菩提樹や、いつでも花をつけているように思われたニワトコの木立の蔭に置かれた巣箱は、まわりをクローバーや、シナガワハギや、モクセイソウなどの蜜源植物に取り囲まれていた。ニワトコがいつでも花をつけているように思われたのは、子供の頃には、幸福な時間だけが摘み取られ、記憶に留められるものだからである。そして、散歩道を行けば、ケラや、蝶や、毛虫や、蟻や、アリジゴクなどが見つかるのだった。なかでも、アリジゴクの砂の罠は私を夢中にさせた。

庭には、木蔭になった広い堀が巡らされ、そこにミズグモがたくさんいた。この堀のおかげで、緑のアーチの下、小舟で領地を一周できるのだった。堀には魚が豊富で、美味しい料理が準備されるキッチンの窓の下は、とりわけ魚でいっぱいだった。料理のなかでも、栄えある一番に輝くご馳走はと言えば、「ワーテルゾーイ」、パセリの根で風味をつけた一種の淡水魚のスープ、というか、むしろ白いブイヤベースといったもので、これに、ワインはムルソーかプイイ・シュル・ロワールが出てくれば、司教の食卓にもふさわしい一品である。

これらの魚は、釣り糸や四つ手網を使って獲るのだが、年に一度、なかでもとくに記念すべき祝日には、大きな地引き網が使われた。そして、網は、その魔法の袋の中に、ギンヒラウオやハゼ、ロウチ、泥テンチ、バターの塊ほどの大きさのコイ、細長いカワカマスといった魚たちのにぎわいを持ち帰るのだった。魚たちはもがき、網目を突き破り、積み重なり、ひしめき合い、水を跳ね飛ばし、体を粘つかせ、七月の陽光の下でキラキラきらめき、まるで、ラファエル・サンツィオか、ペーター=パウル・ルーベンスの愛弟子の一人、フランドル地方の料理を描いた多作の画家ガスパール・ドゥ・クレイエルの、「奇跡の大漁」[★2]の魚たちのようだった。

今でも、祖父の「博物誌の小部屋」の机の上に、ガラスの容器、ごくふつうのジャムの瓶が置いてあって、その中で、祖父がギリシア語源にしたがって「私の銀色の蜘蛛たち」[★3]と呼んでいたものが、元気に跳ね回っているのを見るような気がする。私の心はすっかり彼らのとりこになった。それから六十二年間、蜘蛛たちのことはまったく忘れてしまっていたのだが、数カ月前、ベルギーから、子供の頃目にしたものと見事なまでによく似たジャムの瓶が私の手元に届き、中に、やはり、半ダースほどの水銀の玉が、

❖

クリスタルの潜水服をまとい、
水中で釣鐘の部屋を作るミズグモ。
[Félix Hément, La Nature, 1890]

まさに予想していたとおりの水銀の玉たちが、現実のものとして動き回っていたのである。私は目を疑い、時間の観念を失い、このささやかな巡り合わせのなかで、運命の途方もない神秘の一端に、じかに触れたような気がした。

★1——フェリックス・プラトー Félix Plateau（生没年不詳）
昆虫や水棲生物の生態に関してかずかずの著作を残したベルギーの昆虫学者・動物学者。
★2——『聖書』「ルカによる福音書」の一節で、キリスト教絵画の代表的題材の一つ。
★3——ミズグモ Argyronète の語源はギリシア語の arguros「銀」および nêtos「織糸」。

IX 発見とその後

したがって、ミズグモは、ゲントの、ヴェニスとほとんど同じくらい水に浸されたこの町の、周囲の水辺には、かなりたくさんいたのである。発見されたのは一七四四年、ル・マンの近くで、オラトリオ修道会の神父、ジョゼフ＝アドリアン・ル・ラルジュ・ドゥ・リニャック★1によってである。神父が川で水浴びをしていたときのこと、水の中を勝手気ままに進んでゆく泡があるのを目にしてびっくりしてしまったのだが、その泡が空気に包まれた蜘蛛であることが分かると、彼は、大いなる畏怖の念を抱いたのだった。神父は、その蜘蛛を何匹か捕まえてガラスの水差しに入れ、何カ月も研究して、一冊の仮綴じ本を彼らに捧げた。一七四八年にようやく出版されたその本のタイトルは、『ミズグモの歴史に着手するための研究報告』である。一七九四年には、リンネ★2が、ミズグモに関する最初の記述を残し、その中で彼は、心底驚きをもって、「水中に棲んでいる、さらに言えば、水の上ではなく、水の中および下に棲んでいるのだ」、と伝えている。ついで、イエーエル、ラトレィユ、ジュフロワ、★3ワルクナール、ウジェーヌ・シモンらが現れて、ドゥ・リニャック神父の観察を引き継ぎ、点検し、補足した。その後、ミズグモに関する文献は、すっかり乏しくなってしまう。まるで、この虫が急激に数を減らした、とでもいうように。最近の著作の中では、まず、フェリックス・プラトー、F・ブロシェ博士、アリス・ショルマイヤー、クララ・ハンブルガー、彼女のものは発生学と解剖学だけを扱った、ただし学問的に詳しいものなのだが、その他、ベッカー、バイユ、G・A・プジャド、ウラジミール・ワグナー、ミトロファノフ★4のものを挙げておくのがよいだろう。フランスその他の国の、さまざまな昆虫学雑誌に発表された、いくつかの覚え書や短い観察記は別として。

ここ二世紀ほどの間、フランスでは、ル・マンやナントの周辺、オルヴァンヌ川、ジャンティイの池、ウルトヴィルやヴィルシェティフの沼、ヴェルサイユの庭園、ル・ブール=ドルト、ルミルモンで、ミズグモの存在が報告されているのみである。これで、ほぼすべてだ。たしかに、ミズグモが身を潜めている水草の間に、その姿を発見できるのは、よほどの偶然によるしかない。

要するに、ミズグモは、ほとんど研究されてこなかったのだ。それを実際に目の前にすることができた五、六人の観察者を除けば、ミズグモについて語ってきた者の多くは、おそらく人から伝え聞いて、その存在を知っていたにすぎないのではないだろうか。

★1——ジョゼフ=アドリアン・ル・ラルジュ・ドゥ・リニャックJoseph-Adrien le large de Lignac(一七一〇—一七六二)
もっぱら哲学書で知られるフランスの碩学の神父。

★2——リンネ Carl von Linné(一七〇七—一七七八)
生物の分類で有名なスウェーデンの博物学者。

★3——イェーエル Charles Geer(一七二〇—一七七八)は、昆虫の歴史に関する本を残したスウェーデンの博物学者。ラトレィユ Pierre-Andé Latreille(一七六二—一八三三)は、自然誌博物館教授もつとめたフランスの博物学者で、昆虫学の創設者のひとりに数えられる。ジュフロワ Étienne Louis Geoffroy(一七二五—一八一〇)は、とくに鞘翅類の分類で知られるフランスの博物学者。

★4――F・ブロシェ博士Frank Brocher(生没年不詳)は、水槽や屋外でのさまざまな観察記録を残したベルギーの博物学者。アリス・ショルマイヤーAlice Schollmeyerについては詳細不明。クララ・ハンブルガーClara Hamburger(生没年不詳)は、ドイツの解剖学者。ベッカーBecker、バイユBailについては詳細不明。G・A・プジャドG.A.Poujade(生没年不詳)は、十九世紀の科学雑誌『自然』の歴代編集長のひとりで、自身も昆虫に関する記事を執筆している。ウラジミール・ワグナーWladimir Wagner(一八四九―一九三四)は、クモの巣の生成に関する優れた本を残したロシアの動物学者・心理学者。ミトロファノフMitrophanoffについては詳細不明。

X 自然の悪戯

ミズグモは、かなりりっぱな体格の蜘蛛である。雄は体長が十から十五ミリ、雌は七から十ミリある。茶色がかった黒色か、赤味がかった黒色、または玉虫色に光るねずみ色をしていて、ごく短い毛に覆われている。二段に並んだ八つの眼を持ち、水草が豊かに繁るよどんだ水や、流れの少ない水の中に棲息している。刺されると、どうやらかなり痛いらしい。が、いずれにせよ、この虫が攻撃的であることはほとんどなく、私の指の上をしょっちゅう散歩したが、私には何の痛みもなかった。もっとも、仲間同士では獰猛なところを見せ、自然界におよそ普遍の法則に従って、大きいものが小さいものを攻撃し、重傷を負わせ、貪り喰ったりする。

自然は、しばしば邪険な母親にして悪戯好きであり、なかでも虫の世界においては、ときに残酷で悪趣味な冗談を自らに許す。だが、ミズグモに関する主な記録の作者たちが述べているところを信じるならば、その自然も、不幸なミズグモを相手にしでかした悪戯ほど質の悪い悪戯は、他のいかなる生き物に対してても、人間に対してさえも、したためしがなかっただろうということになる。虫は空気を呼吸しており、たとえ水中に棲息している虫であっても、あらたに空気を貯えるために、何度も水面まで浮かび上がって来なければならないのだ、ということが分かっている。虫の呼吸装置は、体に沿って一列に並んでいて、気門と呼ばれる小さな開口部に達する、いくつもの気管で構成されている。虫は、哺乳類のように口で呼吸することはなく、虫の頭部に気門があることも、けっしてない。かといって、ミズグモの気管が、デュジェス[★1]がミズダニに、水中に溶解した空気を抽出することのできるこの小さな水棲ダニにその存在を指摘したような、気管鰓の部類に属しているわけではない。したがって、ミズグモは、純粋な空気を、空気そのものを必要としているのであり、にもかかわらず、自分に適した唯一の栄養となる、甲殻類の幼生や小さなマツモムシ、アメンボなどを捕まえるために、その一生をずっと水中で暮らすことを余儀なくされているのである。

こうして二つの死、窒息による死と、飢えによる死の間に囚われながら、ミズグモは、突然、天才的な閃きを得て、いつ、いかなる試み、いかなる試練をくり返してか、先史時代の闇夜に、人間がアリストテレスの時代、つまり、人間の知性の絶頂期になってやっと思いついた装置を、すなわち、今日のエンジニア達に、橋脚や、桟橋や、その他、海や河の水中建造物の基礎を築くことを可能にしている、釣鐘型潜水器あるいは防水潜函を、どうやら発明したらしいのだ。

★1——デュジェス Antoine-Louis Dugès（一七九七—一八三八）
フランスの医者・生理学者で、器官による動物の分類を企てた著作を残す。

XI クリスタルの潜水服

二者択一が天才的な発明を生み出してきたからと言って、二者択一というやり方が、絶対に正しいのだろうか。私は、そうは思わない。後で見てゆくことになるが、ここで問題となっているのは、退っ引きならぬ生死に関わる必要性から力づくでものにした発明、といったものではまったくなくて、むしろ、それだけにいっそうすばらしいのだが、贅沢のあくなき追求といったもの、奇妙にも、人類の進歩の仕方に類似した、快適さを求めての改良、といったものなのだ。ミズグモの傑作、といえば釣鐘型潜水器である。が、この釣鐘型潜水器は、クリスタルの潜水服という主要な発明の結果生まれたもの、あるいは副産物にすぎないのだ。そして、このクリスタルの潜水服に比べれば、今日われわれの持つ最高の水中探査機も、ポンプだの、配管だの、ケーブルだの、鉛の底板だの、円窓のある巨大な兜だのをつけた、思うように身動きの取れない、いたずらに複雑なだけの怪物でしかない。

いったい、これはミズグモの発明なのだろうか、それとも、自然の発明なのだろうか。この問題については、またあらためて検討することにしよう。

後に釣鐘を提供することになる、この潜水服の形成をめぐっては、これまで、さまざまな、互いに相容れない、かなり混乱した観察記録や解説が生まれてきた。ドゥ・リニャックにとって、それは、肛門の大きな水疱であり、他のひとびとにとって、それは、ミズグモが水面で巧みに捕らえ、彎曲した腹部と前脚との間にしっかり抱き締めている、空気のボールであった。それまでの仮説に少しだけ変更を加えたフェリックス・プラトーにとっては、毛を備えた後脚の両腿の間に支えられ、やがては腹部の各側面におけるガス生成に結びつくことになる、空気の塊が問題であった。三つのケースでは、この主要な泡、あるいは空気の塊には、腹や、胸や、肢の無数の毛にくっつく、ほとんど目に見えない、数限りない泡粒が付随している、とされている。そして、すべては釣鐘という目的に向けて用意されており、釣鐘との関係においてのみ存在し、意味を持っているのだ、と。

XII
潜水服の形成

この現象を観察することは、大変難しい。水の中だけでしか起こらないことだからであり、それを、瓶のガラス越しに、ルーペで観てゆかなければならないからだ。顕微鏡で観察することは不可能である。ミズグモは、水から完全に出されると、すぐに失神してしまうのだ。私がこれまで目の前で観察してきたすべてのミズグモにおいては、いずれにせよ、この泡、より正確には、アンプル潜水服の形成は、つねに、これまで言われてきたほど複雑ではなく、もっとずっと驚くべきやり方で、もっとずっと素早くなされるように思われた。実際、肛門の水疱とか、空気の塊を引きとめているらしい、彎曲した腹部や脚や腿の連動した動き、といったものは一切存在せず、これらはいずれも、あまりに想像的すぎる観察が引き起こした錯誤でしかあり得なかろう。今、手元の大きなグラスの中に七匹のミズグモがいるが、これらは、ブリュッセルから私のところへ空輸されてきたものであり、ミズグモが多く生息するメヘレン近くのボスショットの沼から、じかに届けられたものである。ミズグモたちは、まだ元気いっぱいで、生き生きしている。これは重要なことだ。なぜなら、活力が失われてゆくにつれて、蜘蛛たちは、泡を節約し、収縮させ、何とかこれをなくさずに、新しいものと取り替えないで済ませようとするようなのだ。さて、ミズグモたちは、今、澄んだ水の中を、自転車の車輪のように回転する、やや楕円形の鋼鉄の玉といった様子で、あるいはむしろ、口径の小さなリボルバーの、ニッケル鍍金《めっき》された弾といった様子で、せわしく動き回っている。前から見ると、顎から腹の最後端まで、背面から見ると、腹部の端から端まで、ミズグモは、光り輝くアンプルにすっぽりくるまれている。アンプルは、水銀に充たされているようにも見えるが、蜘蛛の体がすっかり透けて見えることからすると、やはり、透明である。つまり、これは、見かけは、銀引きされたクリスタルガラス製のオリーブの実といったところの、実際は、半透明の空気の泡なのだ。

ブリキでできた甲冑、あるいは金属のカバーから取り出された魔法瓶、といった感じのこのアンプルから、頭部と膝節だけが、背中側からは胸部の一部が、現れ出る。このアンプルは、しなやかで弾力性に富み、どうやら破裂することはないらしい。往々にして非常に活発で落ち着かない蜘蛛が、小石や、藻や、あるいは鋭利な草の茎にさえ激しくぶつかっても、それは、ショックでたわみこそすれ、破れることなく、小球体一つ失うことなく、最初の形に戻るのである。蜘蛛が見せるどんな無秩序な動き、追いかけっこ、アクロバットにも、離れることなく、傷つくことなく、ついてゆく。ただの空気の泡が、これほどまでに頑丈で、耐久力を持っているものだろうか。

私は、ミズグモたちに決闘させて、その丈夫さを試してみたいと思った。攻撃したり防御したりするうちに、小さな泡は砕けてしまうのではないだろうか、そして、自分のアンプルが欠けたり壊れたりしてしまったら、決闘にのぞんだいずれか一方が、窒息しかかった状態で、自分の負けを認めることになるのだろうか。私には、このことを確かめることはできなかった。一匹が、すぐ近くの蜘蛛に飛びかかっても、飛びかかられた方は、その度に、すごい勢いで逃げ出してしまったり、必要とあらば、水から出てしまう。そして、甲冑を脱ぎ去って、水差しの内壁にしがみついたりするのだ。相手も、しつこくこだわることなく、追いかけるのをやめてしまうのだった。

XIII
潜水服の正体

私は、「甲冑を脱ぎ去って」、と言った。というのも、この小さな虫が、決闘の際にかぎらずどんな状況においても、絶え間ない行き来の中で水面に到達することがあると、その瞬間、まるで誰かが電気のスイッチに触れたみたいに、明るく輝いていたアンプルは光を失い、破裂し、跡形もなく消えうせてしまうからである。そして、半分、あるいは三分の一の大きさになって、ねずみ色の毛の生えた裸の蜘蛛が現れる。蜘蛛が水中に転げ落ちて沈むと、その瞬間、こちらが驚きから我に帰る間もなく、また、アンプルが形成され、点灯されて、眩く輝く。まるで、バルブによってすばやく空にされたものが、また、ポンプによって一気に膨らませられたみたいに。

この現象は、何によって起こるのだろう。蜘蛛は、皮膚の上に、チュニック、というか、別個の目に見えない薄膜を、さもなくば、ドゥ・リニャック神父が考えるように、一種のニスか、液体ガラスのようなものを纏っていて、そこに、好きなように空気を充たしたり、抜いたりしているのだ、と考えるべきだろうか。半分水を充たしたガラス管にミズグモを閉じ込めて、ごく近くから、つぶさに観察した結果、私は、ミズグモを覆っている毛、あるいは和毛による説明のみが、唯一あり得そうだと確信した。私が管を傾けると、蜘蛛は乾燥状態に置かれ、アンプルは即座に消えてしまうのだった。私が管を立て直すとすぐ、後ろの二本の肢が、櫛で毛をとかすような、刷毛でニスを塗るような、すばやい奇妙な動きを見せ、再び水中に沈んだ蜘蛛のまわりには、アンプルが再形成されるのだった。私は何度も実験をくり返し、いつも同じ結果を、言ってみれば、自動的《オートマティック》に起きる結果を得た。したがって、ミズグモの毛、または和毛には、脂分が多く、粘着性のあるニスがしみ込んでいて、そのニスには、非常に独特なやり方で空気をわしづかみし、引きとめ、固定し、あるいは、凝結させる特性があるのだということと、また、われわれの裸眼では、ルーペを使っても、見分けることができないが、このまるまるとした泡、あるいはアンプルは、おそらく、無数の小さな小球体からできており、それらが集結して、たった一枚の薄い板状のクリスタルガラスを、というか、郊外の庭によく見かけるガラス鉢のように、表面のつるつるした球形グラスといったものを形作っているらしいということ、これらは、認めておく必要がある。もっと心地よいもの、規模の大きなもので考えれば、これは、ロワイアの炭酸泉の湯で生じる現象に似ている。瞬間にして、あなたを、頭から足の先まで、奇跡の真珠玉で覆ってしまうあの湯、そして、そのおかげで、私を含めた多くの老人が、なお元気でいられるのだ。

潜水服を着込み、空気の備蓄に囲まれると、蜘蛛は、ずっと仰向けのままなのだが、やるべきことに取りかかり、散歩したり、上へ行ったり下へ行ったり、狩りをしたり、獲物を貪り喰ったり、要するに、我が家で気兼ねなく暮らしているといった様子で、アンプルの中身を新しくするために水面に戻ってくることも、かなり稀である。休息中は、ごくわずかな酸素を使うだけなので、まるまる数日間、おそらくは数週間を、水差しの底で過ごす。もっとも、このことを確めるのは、やはり、かなり難しいのだが。

最も好奇心をそそるのは、空気の塊が蜘蛛を包み込んでいて、それが蜘蛛を水よりずっと軽くしているにもかかわらず、蜘蛛が、上るのも下りるのも、同じようにやすやすと行なってしまうことである。下降しやすくするために、蜘蛛は見えない糸を張って、それを伝っているのだ、と言われたこともあった。私は、そうは思わない。蜘蛛が上へ向かおうと下へ向かおうと、その肢の動きは泳ぎ手の足の動きであって、綱渡り芸人のそれではないのだ。

つまり、空中で暮らしていたにせよ、地上で暮らしていたにせよ、蜘蛛は、きっぱりと水棲になった、あるいは、水棲になるのである。たとえば、水槽やガラス鉢の中に、水面から出るように草の束や小石を置いても、蜘蛛が、それらを利用して、呼吸したり休んだりしに水面に来ることは稀である。そして、明らかに、水の中、個別のアンプルの中、釣鐘の中にとどまっている方を、ずっと好むのだ。

ついでながら言っておけば、おそらくは数万年に遡るこの水棲生活にもかかわらず、蜘蛛の肢が、新しい要素に適応するために変化したり水かき状になったりせず、逆に、空中に暮らすクモ類の肢と同じようなものにとどまっている、というのは、驚くべきことである。

水中に沈んでもアンプルがまったく再形成されないときは、蜘蛛は非常に体調が悪いのであり、このことから、空気の泡を引きとめておくためには、短くそろった密な毛に、凝結物質の分泌の加わることが必要なのだ、ということがよく分かる。そして、蜘蛛が病気になったり、生理的な不調に陥ると、もう、分泌は行なわれなくなってしまうのだ。

とはいえ、潜水服を脱ぎ去っても、すぐに窒息してしまうわけではなく、完全な窒息状態は二、三日後にやって来る。

XIV

釣鐘、この快適な住い

他のすべての虫たちにとっては、体をくるむアンプルがあれば充分なのかもしれない。だが、ミズグモは、より知的で、より人間的で、より要求が多く、自分の館にして寝室でも食堂でもあり、待ち伏せの場所でも、結婚生活を送るところでも、子供たちを育てるところでもあるような、もっと頑丈で、広大で、安全で、しかも快適な住まいを持ちたいと望むのである。一瞬でも暗闇に置くと、蜘蛛は、すぐに釣鐘の建設に取りかかる。建設と言っても、じつは、個別のアンプルをもう一つ作ること、これを拡張すること、あるいはむしろ、その豪華な別館を設けることで、別館の方は、蜘蛛の体と引き離された、大きさも通常十倍ほどのものとなる。

先だって受け取った七匹のミズグモのうち、メヘレンからパリまでの、車と飛行機を乗り継いでの短い道中、旅の慌ただしさや、ごたごたした騒ぎにもかかわらず、三匹は住まいづくりに取りかかり、一番大きな四匹目は、オーソドックスなやり方で、白い絹糸と透明なニスの、みごとな指貫《デ・ア・クードル》を作り上げていた。もっとも、この蜘蛛は、何が原因か私には分からないのだが、私がルーペで観察している間に、これを一突きで壊してしまい、しばらくして、まるで絹糸とニスが足りなくなり始めたとでもいうように、やや小ぶりのものを作り直したのである。

ミズグモが釣鐘に入り込んだ途端、水面に浮かび上がったときと同じように、蜘蛛の体のまわりのアンプルは破裂し、消えてしまう。蜘蛛は、家に帰り、窮屈だった服を脱ぎすててほっとした人、といった様子だ。蜘蛛にとっては、クリスタルの服を身に着けているときより、この状態の方がずっと楽に呼吸ができるのだ、と考えるべきである。

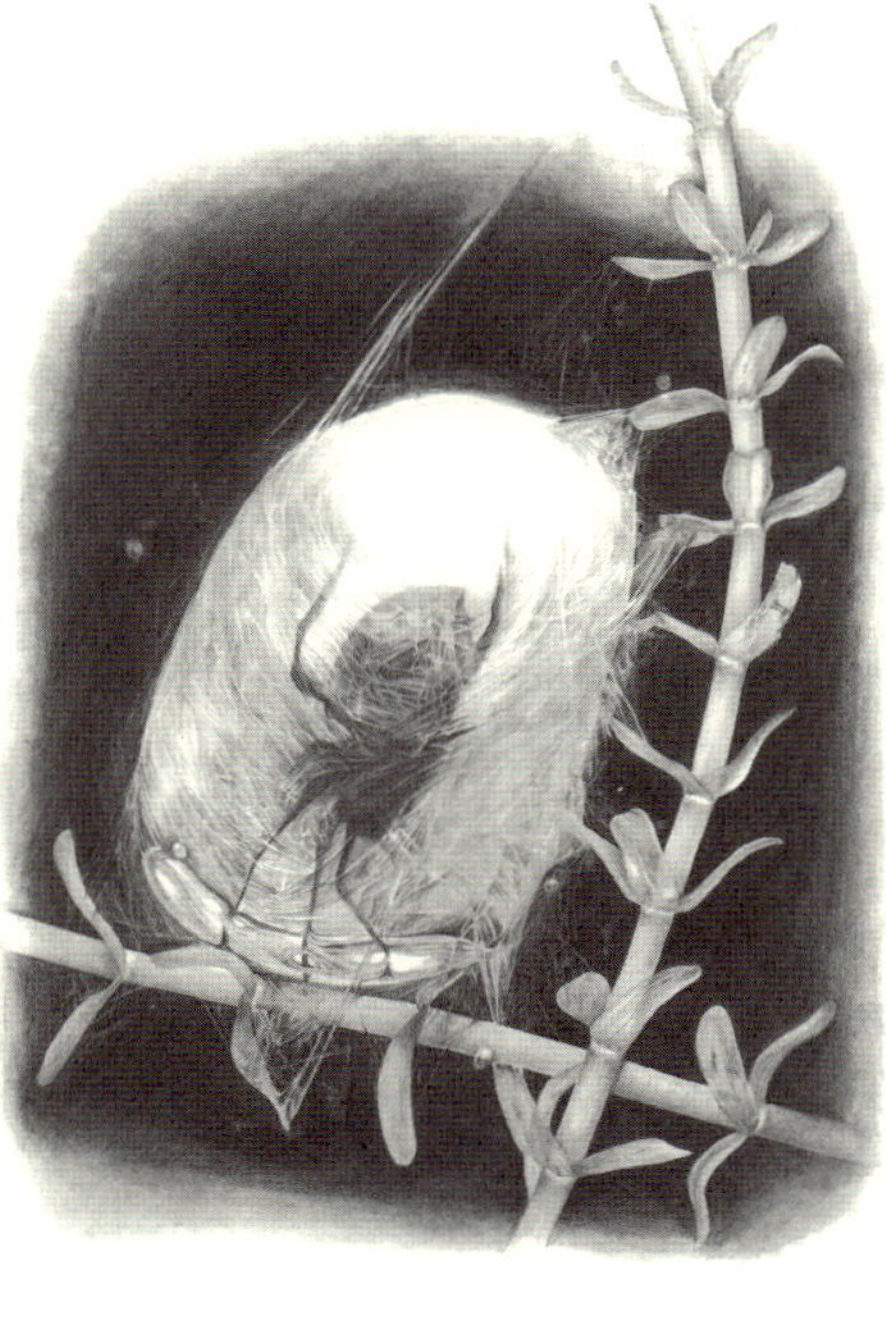

❖
釣鐘の部屋に入ったミズグモは、
潜水服を脱いでいる。
［画:竹原敏恵］

裸のまま、仰向けに寝て、ほとんど動かなくなってしまう。大部分の虫がそうであるように、その生活は、お腹が一杯になるやいなや、半睡状態、というか、一種の恍惚状態か不動の瞑想状態で、営まれることになる。驚くべきことに、ほんの短い生涯なのに、虫たちにとって、時間は重要ではないらしい。種が永遠に滅びないことは分かっている、と言わんばかりなのだ。トーテムを信仰していて、しかも、自分たちが自分たちのトーテムそのものになっている、といった感じだろうか。

私の七匹のミズグモのうち、一匹は、私が食べたくもないハエしか餌としてやれなかったため、病死か、窮死か、または餓死、別の一匹は仲間に喰われ、一匹は逃走し、三匹は、小さな卵大の、この上なく透明なクリスタル球を作って、その中に引っ込み、黒く、裸のまま、肢を宙にして眠っており、七匹目は、おそらく食べ物か原料がないために、水差しの底、潜水服の中で、ほそぼそ暮らしている、というか、まどろんでいるだけだ。

冬が来て、私は、このひどくむなしい研究をこれ以上続けるのをやめようと、私のメダンの沼の養殖池に、生き残りたちを入院させた。生まれた環境に在った水に近い水を

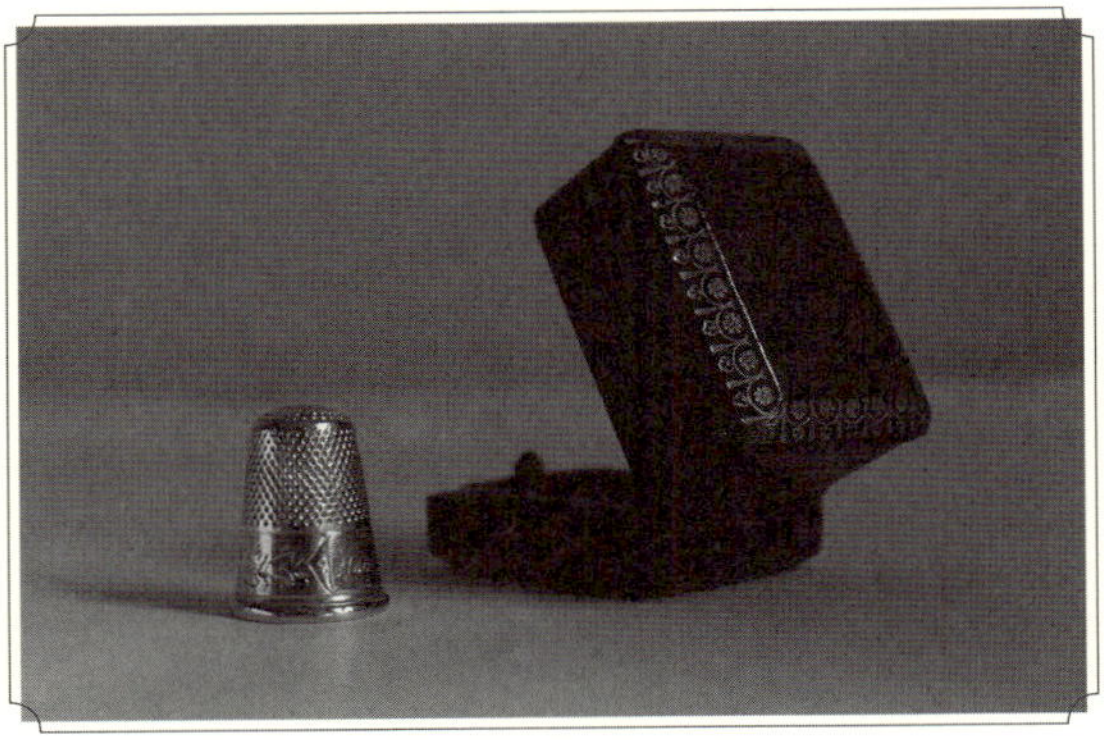

❖
刺繍などの針仕事の際に使われるフランスの銀製の指貫。
釣鐘型のキャップの形状をしている。
19世紀前半に作られたものだが、現在も使われている。
［資料提供:小倉ゆき子］

そこで再び見出して、来春、繁殖してくれるだろうことを願う。

XV

釣鐘の建設方法

家族が一緒に住める家を築き上げてしまう、この小さな虫、この精力的な、驚くべき蜘蛛は、では、いったいどんなやり方をしているのだろうか。一般的な見解を導き出すのは簡単ではない。非常に複雑なその仕事は、盲目的、機械的にくり返される本能的な行動によるものだけにけっしてとどまらず、好都合な状況を、すべて巧みに利用するものであるからだ。草や藻が見つかる自然の中にいると、つまり、必要なものがあらかじめ用意され、骨組みがもう半分でき上がっていると、蜘蛛は、水だけしか入れていない鉢や水槽の中に置かれた場合と、同じ行動は取らないのである。もっとも、どちらの場合も、あらかじめ身支度を整えることに変わりはない。ダイヤモンドの服を身につけ、全身すっぽり空気に覆われ、窒息にも万全に備えた蜘蛛は、頭から先に水中を下りてゆくと、仕事に取りかかる。ふつう、池や沼でならば、蜘蛛には生い茂った植物があればよく、その茂みの中でいくつもの葉の先端をたわめ、それらをクモ糸でくっつけ合わせ、全体を藻や小石にくくりつけてつなぎとめるのである。

この作業の詳細を把握するのは難しい。透明な糸はまったく目に見えず、葉や小枝が少しずつ曲がっているところを見て、初めて、その存在に気づかされるからだ。じつは、私自身、自分では、蜘蛛がどのようなやり方で仕事を始めるのか知らずにいる。というのも、これまで私が目にしてきた釣鐘は、どれもキノコのようにいつのまにか生えたものとしか思われず、私には、糸の掛け初めに立ち会ったことが一度もないのである。しかも、それは、つねに暗がりの中で行なわれるのだ。私より運がよく、忍耐強く、抜かりのない観察者は、蜘蛛は、まず、一種のキャップ帽のようなものを織り上げ、その下でアンプルを脱ぐのだ、と断言している。大いにあり得そうではある。だが、いったいどんなふうに脱ぐというのだろう。説明は容易ではなくなる。アンプルが破裂するのは、蜘蛛が水から出たときだけだ。というか、むしろ、このとき、毛と防水剤によって引きとめられた空気を周囲から包んでいた水の薄膜が、石鹸の泡のように、はじけて消えてしまうのだ。おそらく、釣鐘作りを始めるにあたって、蜘蛛は、まず、自分を包んでいる気体を、それを引きとめている毛から、小球体一つずつ、引き離してゆかざるを得ないだろう。また、おそらく、形を成してきたキャップ帽、というか、ドゥ・リニャック神父がすてきに名づけたように「ちっちゃなドーム《ドミヨン》」の下に充分な量の空気がたまるとすぐ、自動的に、ちょうど水面に上がったときと同じように、アンプルは破裂し、すでにため込まれていた空気に付け加わることになるのだろう。しかし、そのあと、いったいどうやって、蜘蛛は、裸のまま抜け出したり、空気を貯え直したり、あらためてそれを脱ぎ去ったりするというのか。形を成してきた釣鐘の空気内にとどまっているかぎり、蜘蛛には、もう、アンプルはない。が、再び水に入った途端、釣鐘の空気を消費して、アンプルが再形成される。このダナイデス[★1]の問題を、ミズグモは、どうやって解決しているのだろうか。

ともあれ、蜘蛛は、また行ったり来たりし始める。しだいに膨らんでゆき、それに合わせて内壁が糸とニスで塗られてゆくガラス球が、充分な容量を、つまり自分の体の八倍か、十倍の大きさを持つようになるまで。

私は「糸とニス」、と言った。つまり、蜘蛛は、はっきり異なる二つの分泌物を持っているのである。まず、糸、これは地上の蜘蛛のものによく似ているが、目にはより見えにくく、これが釣鐘の骨組みを作る。そして、もう一つ、こちらは非常に多量に分泌され、たちどころに乾いて建造物を覆ってしまう、一種の液体ガラスのようなものである。このガラス状の物質は、ちょうど、石鹸や、フルーツの砂糖漬け《コンフィ》や、ボンボンなどを包むセロファン紙に似ている。セロファン紙より、しなやかであるが、丈夫ではない。

★1――ギリシア神話で、父ダナオスの政敵の息子たちと結婚させられ初夜の床で花婿の首をはねるよう命じられた五十人の娘たち。死後、地獄で穴の空いた瓶で水を汲む劫罰に処せられているとされる。

XVI
プラトーの実験

最も不思議なのは、建築中の釣鐘のキャップ帽、というか、「ちっちゃなドーム《ドミヨン》」の織物が、初めのうちかなり緩く作られていて、まったく防水性を持っていないこと、そして、にもかかわらず、空気が通り抜けてゆかないということだ。したがって、蜘蛛は、流体静力学、あるいは気体の作用に関する風変わりな法則をいくつか知っていて、空気を逃がさないような布目のサイズを正確に計算できるのだ、と推測しなければならない。プラトーが思いついた実験によって、ミズグモが私たちに気づかせてくれた現象を再現することができる。容積が一ないし二立方センチメートルほどの、煎じ薬用布製小袋か、粗いモスリン地の口の閉じた袋を作る。この袋を水に沈める。袋は、当然、空気でいっぱいなのだが、しっかり重りを付けた糸につないで、水面に浮き上がらないようにしておく。空気は、布地が朽ちるまで、閉じられた壺の中にあるのと同様、ずっと、そこに閉じ込められたままだろう。

この実験をより鮮明に印象づけようと、フェリックス・プラトーは、逆の実験もやっている。水をいっぱいに入れた花瓶の口に、目の粗いチュールの布切れをぴんと張ってかぶせ、さらにその上にガラスのプレートを置き、プレートを花瓶の縁に押し当てながら、全体をひっくり返す。つぎに、このプレートを水平にずらして、チュールがむき出しになるようにする。すると、花瓶の口がきちんと水平に保たれているかぎり、水は花瓶の中にはりついたままで、落ちてこないことが分かる。

というわけで、このちっぽけな蜘蛛は、私たちより以前に、たくさんのことを知っていたのである。それらを蜘蛛に教えたのは経験だろうか、それとも、記憶にないほど遠い昔から重ねられてきた、先祖代々のさまざまな試みの成果としての、何らかの先天的な知恵だろうか。そうだとして、重ねられていった試みの最初のものを行なったのは誰なのか、あるいは、行なおうという考えを抱かせたのは誰なのか。さもなくば、いったい、何なのか。こうした疑問には、また、後で戻ることにしよう。もっとも、とても解決のつくものではないだろうが。

でき上がった建造物は、おおよそ、状況に応じて、ボールか、指貫《デ・ア・クードル》か、どこかしら欠けた洋梨か、腎臓か、ハートか、オリーブの実、といった形になっている。ときには、これによって、盲目的な、型どおりのことしかしない虫ではないことがはっきり分かるわけだが、石や流木に空いた穴で満足していることもある。水生動植物が専門の学者であるブリュッセル水族館の館長レスタージュ氏が、最近、私に断言したところによれば、数年前、ソワーニュの森のルージュ・クロワートルの池で、それがまだ干上がってしまう前、秋の終わり頃、ミズグモたちに住まわれている、かなりの数の巻貝の貝殻を見つけたという。ミズグモたちは、貝殻に空気を入れ、絹の詰め物で閉じてしまうと、後は、その中に入ったまま、水底で冬を過ごすつもりなのだった。

XVII

ダイヤモンドの釣鐘、結婚、子育て

容器に捕らえられた蜘蛛が、苔も、藻も、小石も与えられない場合、釣鐘は、まった

く汚れのない、ダイヤモンドの球のように透き通ったものとなる。蜘蛛は、これを花瓶の内壁に、自分なりに可能なやり方で、といっても、目に見えない糸によってなのだが、つなぎとめる。この目に見えない糸は、同時にミズダニがかかる罠にもなるもので、蜘蛛は、もうお腹がいっぱいで、予備の食糧としてそれらを網にひっかかったままにしておく、というのでない限り、獲物をはずしに行っては、それを、自分の指貫《デ・ア・クードル》の中でゆっくり味わうのだ。釣鐘の底は透明な織物で作られていて、蜘蛛が出入りするための狭い開口部が設けられている。釣鐘装置のサイズは、といえば、建設者の体の大きさや、健康状態、季節、食べ物の豊かさなどによって異なり、ときにインゲン豆大であったり、また、ときにオリーブ大、ヘーゼルナッツ大、小さなクルミ大であったりする。

ミズグモは、かなりすすんで住まいを変え、気に入らなくなった住まいは破裂させて、そのクモ糸を食べてしまう。クモ糸は蜘蛛にとって高くつくもの、大切なものであるにちがいない。何一つ失わずにすむようにと、古い住居から空気の蓄えを運び出し、これを新しい住居に移すことさえある。

産卵に際しては、より水面に近いところに、あるいは水面から突き出した形であっても、第二の小部屋を築く。が、自分が住んでいる住居を二つの階に分けて済ませてしまうこともある。上の階は卵のためのものであり、下の階は食堂になる。蜘蛛は、そこで、肢を宙に向け、目に見えないハンモックの糸に支えられて食事をするのだが、食事はかなり稀である。というのも、この隠者は、とても出不精で、何週間も家を離れることがなく、ほんのわずかしか食べないからだ。ブロシェ博士は、自分のもとに寄宿するミズグモたちのうち、一匹を五カ月以上断食させたが、蜘蛛は、少しの不調も訴えることがなかったという。私のミズグモたちは、十週間ほど、ろくなものを口にせずに過ごしたが、活力も、体のサイズも、著しく落ちてしまった。ミズグモは、やむを得ない場合には、羽を取り除いてやったハエを餌にすることができると言われている。しかし、ハエをまったく受けつけないこともしばしばである。また、ミズグモは寒さを恐れないが、それは、けっして凍てつくことのない水を探し出す術を知っているためだ、ということも言い添えておこう。

プラトーの観察によれば、ミズグモは、よく、二つの釣鐘を持つ。一つはかなり軽く透明で、これは夏の住まい、太く不透明な糸で作られたもう一方は、越冬用である。私には、このことを確かめる機会はなかったが、ミズグモが、非常に窮した場合、ときに半分だけの釣鐘を作って済ませ、体の下の部分だけをそこに入れていることに気がついた。剥き出しの腹部は半釣鐘の空気に浸かり、頭部は水に潜っているのである。

愛する時がくると、雄は、雌の釣鐘から遠くないところに釣鐘を作り、二つの住まいを結びつける防水のクモ糸のトンネルを織る。トンネルができ上がると、それをフィアンセのガラス球につなぎ合わせ、「側面から壁を突破する。そして、雄がこの見知らぬ住居に体をすべり込ませると、雄の作った連絡パイプの口が、雄の開けた穴の縁に、突然結びつくのだ。ちょうど、互いに近づけられた二つの水滴が結び合わさるように」と、ドゥ・リニャック神父は報告している。この点に関して、正確な観察をするチャンスに恵まれたのは彼ただ一人ではないか、と私は思う。それにしても、トンネルの一方の端が閉じられていない間、雄は、どうやって空気の損失と水の浸入を避けているのだろう。いずれにせよ、ある朝、二つの結び合わされた釣鐘が見つかる。仕事は、例によって、すべて夜のうちに為されたのだ。

結婚が成就すると、雄は無事に自分の家に帰る。これは、ふつう雌が相手を貪り喰ってしまう蜘蛛の結婚においては、稀なことだ。雄にとって幸いなことに、ミズグモは、雄の方が結婚相手より大きくて強いのである。

きれいなサフラン色をした卵の産卵と、その八週間から十週間後の孵化は、母親の釣鐘の中で行なわれる。そして、やがて、装備をすっかり整えた若いミズグモたちは、新しい人生に飛び出そうと、ついには、シャンパンの泡みたいにつぎつぎ沸き上がる水銀の小さな玉となって、母親の釣鐘を離れてゆくのだ。

XVIII
釣鐘呼吸器

ブロシェ博士が指摘しているとおり、この釣鐘は、まさに、呼吸器そのものと考えられるべきだろう。内部に炭酸ガス過多の状態が生じてくると、炭酸ガスは水の中に溶かされ、一方、水の方は自分の酸素を手放す。こうして、蜘蛛は、水面に浮かび上がることなく、何週間もそこに居続けることができるのである。

この見解は、デュトロシェ★1が、その論文『虫の呼吸のメカニズムについて』において展開している理論の延長にある、というか、これを体外に取り出して考えたものだ。この偉大な生理学者は、論文の中で、以下のようなことを、実験により証明している。「気管内の空気と、水に溶けた状態で気管を浸している空気の間には、つぎのような交換が起きている。すなわち、気管内の酸素が呼吸によって消費されるにつれて、残る窒素は水の中に溶けてゆき、その同じ水から生じる酸素に場所を譲るのである。炭酸ガスも、同様にして消えてゆく。いずれにせよ、気管鰓が、純化された空気を再び閉じ込めて、呼吸に要する空気の供給を組織に保証するのである」。これと同じ原理に基づいて、ミズグモによって経験的に発見された、さもなくば天才的に考え出された、あの呼吸する別館、そう考えると、ものすごいではないか。

では、われわれ人間の釣鐘型潜水器、あるいは防水潜函が、蜘蛛の発明から引き出すべきことは、何もないのだろうか。たしかに、圧力が違うし、より多くの炭酸ガスを吐き出し、より多くの酸素を吸い込むわれわれの呼吸システムは、虫のそれとは大きく異なる。だが、ほんのちっぽけな蜘蛛がわれわれにこうした疑問を抱かせるというだけでも、驚くべきことではないだろうか。

疑問はまだまだわいてくる。地殻変動と、おそらくわれわれ人間はマスクのおかげでかろうじて逃げきれているにちがいない有毒ガスの充満と、これに続く地上の動物相の全滅、という事態が起きて、さもなければ、われわれの消化液か地球の大気に最大限の変化が起きて、ある日、人間が水中に避難し、そこで食べ物を探すことを余儀なくされる、ということにならないとも限らないのではないか。進化を終えきっていない世界では、あらゆることが起こり得るのだ。それも、予知できないようなことばかりが。人間は、われらが蜘蛛をはるかに超えて、便利で、快適で、工夫をこらした、われわれの水中生活というものを、うまく作り上げてゆくことができるのだろうか。ポンプやら、酸素発生器やら、清浄器やら、機械的あるいは化学的に作動する換気扇やら、防水邸宅やら、われわれがきっと頼りにすることになるだろう水中漁場やら、といった場所ふさぎの装置は、自然の指示するところに賢く従って、最もシンプルで、最も無駄のない解決策をいきなり見出した、われらが主人公の、あの潜水服や釣鐘を、はるかに凌ぐものとなるのだろうか。

この点に関しては、ミズグモが、すべての蜘蛛同様、本質的また器質的に大気中で生活するものであるのに、自然のちょっとした気まぐれによって、その一生を水中で暮らすよう余儀なくされているのでは、という見方に、あらためて立ち返ってみるのも、おそらく無駄ではなかろう。シロアリは、また別の、同じくらい面喰らってしまうような自然の気まぐれによって、乾燥し、焼け焦げた土地に生きることを強いられ、自分たちの巣の中に一定の湿度を必要として、ついに、数カ月、いや、数年にわたる旱魃が続いても、その間ずっと巣に湿度を保っておくことができるまでになったのだ。偉大な冒険家にして、誠実な博物学者であるデイヴィッド・リヴィングストーン博士[★2]は、他にどうにも説明のしようがなくなって、こう自問している。シロアリたちは、われわれがまだ知らぬやり方で、大気中の酸素と、自分たちの植物性食品の水素とを結合することに成功しているのではないか、そして、その結果、水が蒸発するのに応じて、自分たちに不可欠な水を再生させているのではないか、と。釣鐘で起きている現象と、シロアリの巣で起きている現象の間には、ある種の類似があり、それによって、一つの世界の存在が不思議な微光で照らし出される。そして、どうやら、そこでは、われわれ人間の発明のほとんどがもうすでに実現されてしまっていて、われわれがおそらく実現をみることになるだろう発明も、予感されたり、先取りされたりしているらしい。

私がこれまで述べてきたことのうちには、多少なりとも潤色された事柄は一切なく、私が、ほとんどつねに、自らその正しさを確認することのできた確かな観察があるばかりであることを、言い添えておこう。いずれにせよ、観察の正しさを確かめるには、ミズグモを何匹か手に入れればよいのであり、それは、さほど難しいことではない。ミズグモは、いかなる理由か分からないが、フランスではほとんど発見できなくなってしまっているが、ベルギーの水辺、とくにボスショットの沼にはたくさんいるのだ。

★1——デュトロシェ Henri Dutrochet(一七七六—一八四七)
広く動植物全般を括れるような生物学・解剖学の確立を企図したフランスの博学の医者・生物学者で、とくに浸透現象の発見で知られる。

★2——デイヴィッド・リヴィングストーン博士 David Livingstone(一八一三—一八七三)
アフリカで活動したイギリスの宣教師にして探検家。

❖

ミズグモと淡水の生物を描いた博物画。

［Picture courtesy of Frank Ribot］

XIX

どのように知るのか

さしあたり、この小さな生き物が解決しなければならなかった数々の問題を、乗り越えなければならなかった数知れぬ困難を理解するために、たとえば、セロファン紙で簡単な指貫《デ・ア・クードル》を作り、これを、試しに、水に沈めたり、水中につなぎ止めたり、垂直に保ったり、そこから水を抜いて代わりに空気を入れようとしたりしてみてほしい。その上で、こうした作業をすべて、人間の規模にまで拡大してみてほしい。そうすれば、事は思っていたよりずっと複雑で、じつに多くの物理的、化学的法則が介入しており、だれも助けに行こうとは思わない世界にひとり置かれた不幸な虫が、そうした法則の間で闘っているのだということが、理解していただけよう。虫は、この暗く、報われない悲劇の中を、自然が自分に課したあらゆる掟に逆らって、進んでゆかなければならなかった。そして、その結果、その同じ自然が虫の存在の頂点に位置づけた、他のいかなる掟にも優先する最大の掟、食べ物の掟に、行き着いたのである。

クモ糸の生成、紡績、防水処理、ガラス化といった化学的な問題は、脇に置いておこうと思う。われわれには、生命を創造することができないのと同じように、こうした問題に入り込むことはできないのであり、自然は、われわれ自身の身体でたえず起きている化学的な問題をすべて解決してくれたように、虫に対しても、こうした問題を解決してくれたのだ。では、物理学や博物誌、流体静力学、生物学に関して、蜘蛛が持っている知識は、いったい、どこで獲得されたものなのだろう。空気の泡が、それより少しでも大きくなると水面に跳び上がっていってしまうのに、ある体積しか持たない限りは自分の毛や藻にくっつくはずだと、蜘蛛は、どうやって知ったのだろう。

人間と同じくらいの大きさのミズグモを想像してみてほしい。その和毛は、同じく、脂分の多い凝結物質で覆われているが、身体の大きさにつり合ったその毛は、当然、もっとずっと長いはずだ。クリスタルの潜水服の奇跡は一向に起こらないだろうし、われらが人間ミズグモはまっすぐ沈んでゆき、水底で窒息死してしまうことだろう。

同様に、キャベツの葉の上の露のしずくは、堅い真珠玉のようにころがって、大きくなりすぎたときにしか壊れないし、一本の鋼の針は、同じ金属でできた棒が池に沈んでいってしまうのに、コップ一杯の水に浮くだろう。こうした相矛盾した現象は、どの瞬間に、一つの法則から出て別の法則に入って行くのだろうか。大きいものの法と小さいものの法は同一ではない、ということなのだろうか。

およそありそうもないことなのに、空気は釣鐘に入り込むと同時に釣鐘を充たしていた水を追い出すのだと、より密度の高いより重い要素がより軽くより非力な流体に場所を譲ることになるのだと、われらが蜘蛛は、いかなる実験の結果、知ったのだろう。この不思議な糸紡ぎ女は、いったいどうやって、自分の織る織物に将来の圧力に見合う耐久性をもたせたり、自分の掛けるロープの配置や連係を計算したりすることができるようになったのだろう。こうした事柄をめぐって生じてくる疑問に、すべて答えなければならないとしたら、とてもきりがないだろう。生命にまつわる事柄は、どれもそうだ。そこに少しでも疑問を持ち込めば、宇宙や神々を揺り動かしてしまうことになる。こうした神秘は、どこからやって来て、どこへ向かってゆくのか。虫にとってそんなことなどどうでもいいのだし、虫は何も知らずにいるのだし、虫にそれを知る必要なんてないのだ、とおっしゃるかもしれない。しかし、虫がそれを知らず、われわれ人間がそれ以上に知らずにいるとしても、結局、誰かが、さもなくば、何かが、それを知っているのでなければならないはずだ。謎は、場所を移し替えられるばかりで、相変わらず謎のままだ。

XX
虫の知性

ロシアの昆虫学者ウラジミール・ワグナーは、ミズグモに捧げたその研究論文の中で、ミズグモは自分の釣鐘を念入りに修繕するが、それは、その修繕が日常の仕事の延長である場合に限られており、例外的な突発の仕事としてはまったく行なわない、と指摘している。例外的な突発の仕事となると、端から諦めてしまう。すべては、変更不可能なものとして一旦決められた順序で、成し遂げられてゆくのだ、と。

私には、W・ワグナー氏の観察を確かめることはできなかった。釣鐘を、壊さずに突き刺したり、切り込んだり、傷つけたりすることができなかったからである。釣鐘は、持ち上げようとした途端、粘り気のある、ぶよぶよした、わずかな残留物だけを残して、石鹸の泡のように破裂してしまうのだ。いずれにせよ、氏のこうした観察は、おそらく、ハキリバチやアナバチ、ヤママユガなどの、とくに器用な虫たちに関してJ・H・ファーブルが行なった観察に影響を受けており、ファーブルのものに非常に近い。これらの虫たちは、目的が取り除かれてしまった場合でも、巧みな、けれども、まったく無駄な仕事を、力を尽くして、ひたすら機械的にやり遂げるのである。もっとも、これに関してファーブルが行なった決定的な実験を、ここで持ち出すには及ぶまい。あまりにも話が外れすぎてしまうであろう。この実験については、『昆虫記』第四巻で読むことができる。

ご存知のように、J・H・ファーブルは、虫に、ほんのわずかの知性や判断力しか認めていない。虫がわれわれの目を見はらせるような行動をとったとしても、おそらく、それは、ただ、われわれが本能と名づけている、先祖伝来の型どおりのやり方に導かれてのことにすぎなかろう。ファーブルは、こう明言する。「経験は、虫に、何も教えない。時間が、虫の無意識の闇に、束の間の明るさをもたらすことはない。専門分野においては完璧だが、ほんのわずかでも新しい困難を前にすると役立たずなものとなってしまうその技術は、変わることのないものとして伝えられてゆく。乳児に、吸い上げポンプの技術が伝えられてゆくのと同じように。虫が、その仕事の要点に変更を加えるものと予想することは、乳児が、乳を吸う方法を変えるかもしれないと期待するようなものだ。両者は、いずれも、自分たちが何をやっているのか知らぬまま、種の保護のために課されたやり方を、あくまでやり続ける。まさに、自分たちの無知が、自分たちに、一切の試みを禁じてしまっているのだから」

ファーブルは、自分の説に引きずられて、虫の愚かさを誇張しているのだ、また、経験について語るとき、彼は、われわれ人間の持てる尺度や時間の小ささを考慮に入れていない、と私には思われる。たしかに、虫の知性は、非常に狭い領域を脱してほぼ普遍的なものとなった人間の知性とは、とても比べものにならない。われわれ人間においては、知性はぜいたくな能力に変化したのであり、虫における知性は、その使用が生命上どうしても必要なものに対してのみに制限されている、貧しい道具にとどまったのである。虫が、概念というものを持っておらず、普通なら生涯決して出くわすことのないような問題を抱えさせられたり、悪戯をされたり、罠を仕掛けられたりすると、さっぱり訳が分からなくなり、何がどうなっているのか、すっかり混乱し、自分に残された唯一の確信にのみ従って、先祖代々の務めを、自らの義務を、最後までやり遂げてしまうというのは、まあ、当然のことだ。われわれより比較にならないほど強くて知性のある存在が、われわれに同じような試練を課したとしたら、われわれだって、同じように面喰らい、同じように取り乱すのではないだろうか。それに、われわれが、自分たちの知らないうちに同じような試練を蒙っていないとも限らないし、道徳や、芸術や、医学や、神学や、形而上学や、とくに政治において、われわれが愚行を犯すのは、すべてそのためかもしれないではないか。われわれが、自分たちは神の手の中にある、つまり、偉大な未知なるものの手の中にあると言うとき、われわれは、こうしたことを予感していないだろうか。

XXI 仮説

説明を単純にするために、ミズグモは、ごく普通の蜘蛛、糸織る者にすぎず、それが、ある日、一陣の風が吹いて巣から引き離され、水たまりに突き落とされたのだ、と言い張ってみよう。たまたま、短くそろって密生した脂気のある毛に覆われた腹部と頭胸部を持ち、そこに無数の小さな泡がくっついて、体のまわりに保護膜をつくり、これに守られて、気門が自由に呼吸し続けた。その後、自分が水中で生きられること、また、地上より豊富で美味な食べ物を見つけられることが確かめられると、ミズグモは、泳いだり潜ったりすることを覚え、新奇の要素に適応し、空中の巣を、水中の釣鐘と取り替えたのだ。すべては、さいころが二、三回振られた結果であり、自然、あるいは、虫は、これにこれっぽちも関与していない、と。釣鐘型潜水器については、そう簡単に説明がつかないとしても、事実はこうなのだ、という可能性はある。もっとも、単純化したように見えても、検討すべき問題に大した変化は生じていない。ミズグモの知性は、好都合な環境を役立てる術を知っていて、他のさまざま仮説においても、その役どころは、ほとんど常に変わらないのである。

仮説の曖昧模糊とした領域に入ってしまったとなれば、今から幾百幾千世紀前、ミズグモの進化は、好みの食べ物を提供してくれる動物相の進化によって要請されたのだ、と仮定することだってできよう。何らかの事態が起きて、水陸両棲、あるいは、きっぱりと水棲になったこの動物相が、自分の世話になって生きている虫を、自分に続いて、水たまりの底に引きずり込んだのだ。あるいは、逆の方が、よりありそうかもしれない。つまり、この地球上に生きているものすべてと同じく水から生まれた蜘蛛の祖先が、二つの系統に枝分かれし、一方は、もっぱら大気中に生きるようになり、もう一方は、原初の祖先の水棲の習性を、いくらか受け継いでいったのだ。われわれには何も分かっていないのだから、どんな説も支持できる、というか、どれを取っても、あまり変わりはないのであり、くり返すが、われわれが関わっている問題の与件に、大した変化を与えるものではない。

XXII
生命の記憶

くわえて、どうやら、虫の知性は、われわれ人間の知性のように個別なものではなく、有機的に、集団が共有しているものであるらしい。多細胞的ではあっても、全員が一体となって営む、こうした生のあり方は、ミツバチの巣やシロアリの巣、アリの巣において、とくにはっきりと現れる。が、同じ一つの種であれば、そのすべての虫の間に、空間的に、でなければ、少なくとも時間的に、同様に見られるのである。すべての虫が出会ったなどということは、あり得るはずがない、とおっしゃるかもしれない。そんなことは、どうでもいい。自然は、虫たちのことを知っており、虫たちを、まるで、全員がたった一つの個体でしかないかのように、扱っているのだ。われわれ人間は、それぞれ自分を、大きな有機体の全体であると思っているが、一匹の虫が死んでも、それは、一つの大きな有機体の、一つの細胞が変化することにすぎない。虫は、われわれより、ずっと死なない、いや、おそらく、まったく死ぬことがないのである。われわれ人間にとって、死とは、漠然とした宗教的信念を除いては、完全な終わりである。が、虫にとっては、ありふれた一つの変容なのであり、永遠にくり返されるサイクルの環なのだ。どの変化も、すぐ前の変化の、ありきたりなくり返しにすぎず、すぐ前の変化も、それに先立つかずかずの変化以上に重要というわけではない。繭の中にいる幼虫、それは、これからも、また、これまでも、繭を作り上げてきた、そして、作り上げてゆく母親なのだ。死を離れた生は、ただ、場所を変えただけで、卵や蛹の中に、そっくりそのまま、手つかずの状態で再び見出されるだろう。ひからびた死骸は、最も新しい蛹の殻にすぎないのである。人間の誕生と死とは、互いに接しておらず、人生によって分け隔てられ、二つの違った世界で起こることのように思われる。けれども、虫の世界においては、誕生と死は、ぴたりとはまり合い、同じ次元を動いてゆくのだ。どこからかは分からないが、この地球上に姿を現すとき、われわれは、両親が学んだことから出発することなく、すべてを忘れてしまっていて、すべてを始め直し、すべてを学び直さざるを得ない。けれども、虫は、自分に先行していたものたちの存在を、静かに引き継いでゆ

❖
先行した者たちのやり方を静かに受け継ぎ、
水中で暮すミズグモ。
先祖代々の記憶は消えることがない。

く。あたかも、こうした存在が、これまで一度も中断されたことがなかったかのように。十回に九回は、虫が、その子孫を目にすることはないのだが。知性の継承としての生命は、無意識的な継承としての生命と、少しも切り離されてはいないのである。その継続に切れ目はない。そして、先祖代々の記憶は、けっして消え去ることがなかったので、あらためて掻き立てる必要もなく、若いまま、無傷のまま、皺一つ、ほころび一つないままである。われわれ人間の記憶ときたら、穴だらけで、ぼろぼろなのに。

こうした集団的存続、種の生命は、われわれ人間のものとは、あまりに大きく異なる。いったい、これは、出発点なのだろうか、到達点なのだろうか。一見、われわれは、そこから出てきたように思われる。そして、文明化するにつれて、そこから遠ざかるのだが、われわれがどうやらそこにいるらしい最高点に達すると、また、そこに戻りたがるのだ。

だが、答えを出すには、われわれ人間は若過ぎる。虫たちは人間に何千年、いや何百万年も先行しているのだ、ということを忘れてはならない。虫たちは、シルル紀に、そして、とくに石炭紀に、つまり、地球の青年期というか、むしろ幼年期の幻想的な森の中に、すでに見出される。爬虫類や、鳥類や、人類の到来を告げる哺乳類に、先んじているのだ。虫たちは古生代に属しているのであり、われわれ人間は、虫たちに遅れること数十万年の地質時代最後紀に、やっと出現するにすぎない。死というものは存在しないのだ、それは期待を秘めた一つの下手な言葉、大いなる眠り、あるいは、われわれが失ってしまうと思っているのとは別の生命にすぎないのだと、われわれが虫たち同様知るようになるとき、はじめて、われわれは虫たちと対等になれるのかもしれない。

XXIII

最も奥深い秘密

さて、本能と知性の話に戻ろう。この永遠の問題は、われわれをどこに連れてゆくのか。本能というのは、それが、じかに、また、すっかりでき上がったものとして、自然の手から発しているのでないとすれば、生命によって蓄えられてきた、あの先祖代々の経験以外の、何であり得よう。その経験は、それを解釈し、それを利用する術を知っている、ある一つの知性の中に記憶されている。そして、その知性は、それ自体また、自然の手から発しているのだ。

一般に、しかも、あまりにも軽々しく、虫は何も学ぶことがなく、人間の記憶にあるかぎり、その習慣を進化させも変化させもしてこなかった、と言われている。非常に軽率な断言であり、真剣に検討する必要があるだろう。人間が留めている記憶なんて、この地球の歴史の、ほんの一日分にしかすぎないのだから。シルル紀において見られるのはゴキブリの残骸ばかりであり、石炭紀においては、いずれの虫も完全変態を遂げていない。ここから大規模な進化が始まった、とは考えられないだろうか。

もっとも、今日のわれわれのちょっとした経験においても、たとえば、われわれの目の前で、いくつかの古来の習慣を顕著に変えてしまった飼育ミツバチの例などに出会うと、われわれは慎重にならざるを得ないはずだ。人間の作った可動巣枠付き巣箱の中に、人間が提供しておく作りかけの人工巣板を、ミツバチは、それが何であるか理解して、利用したのではないか。常夏の地に移動させられたミツバチは、冬の蓄えをしなくなってはいないか。花々の蕁の花蜜にくらべて、ずっと豊富に、ずっと簡単に、甘い物が食べられるバルバドスでは、ミツバチは、花を訪れることをまったくやめてしまっていないか。

この問題は、一見そう考えられている以上に重要である。それは、自然の、そして未来の、最も奥深い秘密に触れているのである。もう半世紀以上も前から、われわれがミツバチと仲良く暮らせるようにしてくれている巣枠付き巣箱の発明のおかげで、問題を解くことは可能になるかもしれない。とはいえ、それには長年の研究を要するであろうし、優れた養蜂家だけに着手し得ることだろう。七月にソルボンヌで開催される次回の国際養蜂会議が、この点に関して、興味深い報告をもたらしてくれることを願う。

XXIV

謎の源泉をめぐって

虫が知的でないとすれば、虫にインスピレーションを吹き込んでいるのは、あるいは、明らかに知的な行動を虫に代わって成し遂げているのは、いったい誰なのか。われわれ人間ほど知的ではないとしても、虫が、人間がまだやっていなかったことをやったり、人間より、もっと巧みなやり方や組み合わせを考え出してきたことに、変わりはない。人間の才気がこの地上で発見してきたことすべてに先行し、一個の人間の脳から発生しているのではない、この閃き、この光線は、どこから虫のもとにやって来たのか。われわれの脳に由来するのではないすべての微光を、敬虔な気持ちで受け取る必要がある。この世やあの世でのわれわれの立場や運命について、われわれが行なっている大調査において、この微光は、言ってみれば、生死を賭けた裁判において相手側からもたらされた論拠のようなものであり、同じくらい貴重なものなのだ。ミズグモが、そのかずかずの装置を、発明したり、完成させたりしたのではないとすれば、それらの装置を、準備したり、調整したり、短く揃った毛や、空気の泡を引きとめておくことになる防水剤などを、あらかじめ用意したのは、自然なのだろうか。それにしても、こんなふうに置き換えてしまうと、問題が面白くなくなってしまうのは、なぜだろう。知性が、自然によって発現されているにせよ、それ自体自然の発現にすぎない動物によって発現されているにせよ、謎は謎のままではないか。

知性とは、何か。それは、どこから吹いてきて、何が、それをうまくキャッチし、利用しているのか。これこそ大問題である。これこそ、他のすべてに優先し、われわれが何としても知りたいと願っていることがらである。宇宙に、あるいは、単にこの地球上に、われわれの知っていることすべてをわれわれに教えている、われわれの知性に優る何らかの知性があるのだろうか。そして、植物、動物、とくに虫たちは、われわれ人間とほとんど変わらぬくらい、いや、ときにはわれわれ以上に、その知性にあずかっているのだろうか。そうなのかもしれない。その知性が、とんでもないへまを数多くやってしまうとしても。最初の一回で到達できたはずの目標に到達しようとして、無駄な、ときに、馬鹿げた遠回りをくり返してしまうとしても。つまり、自然は、どうやら、すべてを知っているのに、自分がすべてを知っていることを、まだ知らずにいるようなのだ。自然は、性能の良い複雑な道具を揃えた箱を託されても、その使い方がよく分からず、ただあてずっぽうにそれを使っている人みたいだ。では、その箱を託したのは、誰なのか。というのも、くり返すが、最も厄介なのは、われわれの上に張り出しているこの知性が、ちっとも完璧でなく、間違いを犯さないわけでもなく、われわれと同じくらいよく迷子になり、われわれの知性とおそろしく似ている、ということだからだ。間違えを犯すのは、受信機の方なのだろうか。分からなくなってしまう。

われわれの知性は何も創造したことがなく、われわれの知性に作ることができるものは、すべて、すでにまわりに存在しているか、すでに作られており、われわれの知性は、本質的に模倣するもの、剽窃するもの、われわれがまだ見ていないものの蒼白な影なのであり、われわれが引き出してくるものはすべて、共有されている、未知の、大いなる秘宝の上に浮いている黄金の埃にすぎないのだ、ということは、かなりはっきり言い切れるだろう。それだけに、ますます分からなくなる。

われわれがたえずそこから汲んでいるこの知性は、生命のうちに散在していて、仕事に取りかかるために、何らかの伝導体、受信機、触媒といったものを探しているにすぎないのだろうか。信者たちが断言しているように、それは、神に由来しているのだろうか。その源の名前に関して、ごちゃごちゃ言うのは、やめておこう。その名は何も説明しないし、謎の本質、計り知れなさ、解消し得ない闇を、何一つ変えるものではないのだから。信者たちの神と、私のそれとの主な違い、それは、信者たちが、自分たちは自分たちの神を知っていると信じていること、まるで神と賄付きの下宿でずっと一緒に暮らしてきたかのように、神が何者であり、何を言い、何を考え、何を欲しているかを知っていると得意になっていること、である。私はといえば、私の神をまだ知らずにいる、と謙虚に認める。そして、それゆえ、至る所に、またつねに、それを探しているのだ。

何より重要なのは、神のものであれ、自然のものであれ、その源泉に近づいて、それを呼び出し、うまく捕らえ、われわれのうちに誘導し、そのよき伝導体、蓄電器、あるいは、蓄電池となり、おそらく電気の繊細な形態にすぎないそれを、電気のように制御しようと試みることであろう。そして、このことが、今後大いに問題とされ、探求され、やがて解明されてゆくべき課題であることは、まず間違いない。

青い泡
——幸福な思い出より——

● *Bulles bleues—Souvenirs heureux*

M・メーテルリンク　1948

オスタカー

わが家の別荘はゲント近郊の大きな村、オスタカーにあった。オスタカーというのは、「日の出の方角の畑」といった意味である。村にはルルドのものを思わせるような洞窟があって、そこに奇跡のマリアが祀られており、実際に幾度か奇跡が起きたと伝えられていた。この村に巡礼者の絶えることはなかった。われわれもときどきその洞窟まで出かけたが、教会の至聖所の脇に並んだ小さな屋台で売られているパン・デピスやマジパンでできた置物の人形に、ちょっと注意を引かれたくらいだった。

住いとしていた建物は、ゲントからオランダへ、さらに海へと続くテルヌーズ運河沿いに建っていた。それは、立派な楡の木の二重の並木が陰を落とす、夢のように美しい運河だった。大きな船が、ロンドンやリヴァプールからやってくる蒸気船が、庭の真ん中を通ってゆくように見えるのだった。運河の岸やタグボート用の道の上では、ガキどもが船長に向かって叫びながら走っていた。

「船長…　船長、僕たちに何かおくれよ…」

船長は小銭を投げ、ガキどもは殴り合いでそれを奪い取るのだった。

無邪気な田舎の子供たちの中に、ときおり、外港からやってきた品行よろしからぬ女の子たちが混じっていた。女の子たちは、ちらりと見えるものに対するイギリス人の隠れた好みを知っていて、下着はスリップだけしかつけずに側転したり、逆立ちさえやってみせて三倍の小銭の雨を浴び、私の父の怒りを買っていた。父は農村保安官にこのことを話したが、この人物が、またいつも酔っぱらっていて、当然のことながら、あちこち見回ることなどできないのだった。

家は緑色の鎧戸のついた、あまり大きくない白い立方形、といったものにすぎなかったのだが、年をとるにつれ、遺産のお金もどっと入るようになって、ものの見方が壮大になったのか、父は、これを一気に四倍の大きさにしてしまった。父はさらにそこにスレート葺きの塔も加えたので、建物は、全体として、まったくの失敗作に終わったトゥーレーヌ地方の城、といった印象を与えていた。

さまざまな木々の生け垣もあった。庭には、とても大きくて、とても素敵な、とても古い樹が何本かあった。ところが、父は、小麦畑やビート畑やジャガイモ畑の「眺め」がとれるようにと、これらを伐らせてしまったのである。われわれはあまりのことに愕然とし、母は怒り狂った。

家を大きくしたのと同じように、父は庭もひろげ、庭はやがて五、六ヘクタールにもなった。そして、そこからは、実をつけるからというので赦された何本かの林檎や梨やサクランボの木だけを残して、可能なかぎり木蔭が取りのぞかれたのである。

溺死

われわれの家の庭は、家の建物と海船運河との間に長く伸びていったのだが、二十年ほど経った頃、今度は運河の方が拡張され、庭の一部を飲み込んだ。その後、拡張に次ぐ拡張で、私が青春の終わりを迎える頃には、領地はすっかり水没して海港になってしまい、もう私の思い出の中に跡を残すだけとなった。

穏やかにくつろぐ水や魚たちに惹かれて、われわれはこの魅力的な運河のほとりを、朝から晩までぶらついたものだった。

さて、この運河で、私は溺れかかったのだ。

危うく死を免れた経験はおありだろうか。私にとって、あれは、その餌食になることなく、限りなく近くに死を見た体験だったと思っている……。あれほど寛容で、速やかで、甘美な死に、ぜひもう一度出会いたいものだ。

庭は、この幅百メートルほどのまっすぐな運河から、タグボート用の道一本で隔てられているだけだった。果てしない無限を思わせながら、わが家の玄関の敷居まで浸しているともいえるこの液体の広がり、われわれはそれを絶えず眺めていたのである。

七月のある午後、妹と弟と私は、私と同じ年頃の友人と一緒に、そこではしゃぎまわっていた。みんなの中で私が一番年上だった。私は平泳ぎを二、三ストロークできたけれども、いつもそのあと垂直に沈んでいってしまうのだった。泳ぎが下手というよりも、沈むことへの恐怖からだ。そのときも、運河の岸から二メートルのところまで思い切って行ってみたものの、私は叫び声を上げて消えた。友人が急いで助けに来た。私は彼の足をつかみ、私の方に引き寄せたが、すべてが力を失ったように感じて、それを放してしまった。私は、助けに来てくれた者を死への道連れにしても何にもならないと、ぼんやり思ったのだろうか。ありそうもないことかもしれないが、自分ではそう思っている。いずれにせよ、私は、斜面を這い上がって岸まで辿り着こうと考えた。が、次の瞬間、すべてが崩れて消え去り、私は気を失って、何が起きているのかわからなくなった。

父は、家を飾りたいと考え、大工や石工たちに囲まれて塔を建築中だったのだが、その塔のてっぺんから悲劇の一部始終を目撃して、叫んだ。

「あの子が溺れる…」

「とんでもない」、と石工のひとりが言った。「ごらんのとおり、やつら遊んでるだけですよ……」

「いや、いや、あの子が溺れる……」

父は駆け下りようとした。より敏捷な若い大工が父を追い抜いた。まだ階段はでき上がっておらず、足場や梯子や踊り場がごちゃごちゃにあるだけだったのである。大工は運河に飛び込み、私をしっかりつかむと、岸まで運んでくれた。私が意識を取り戻したのはベッドの中だった。びっくりしたし、かなりの水を飲んでもどしたので少し具合が悪かったが、それ以外は大したこともなく済んだ。

したがって、私は死のすぐ間近にいたのである。もしほんとうに死に触れていたなら、他のことは何も感じられなかっただろうと思う。きっと、私は、自分でも気づかないうちに、大いなる扉を超えてしまっていたのだ。一瞬、驚くほど眩い光が満ちあふれるのを目にした気がする。一切の苦しみもなく、悩む間もなかった。目は閉じ、腕は動いているが、もう存在していなかった。

これが死というものなのだろうか。おそらくそうなのであろう。それとも、意識の完全な喪失の後に、別の何かが起こるというのだろうか。何が起こるというのだろう。意識というのはわれわれの自我だ。自我が失われてしまったら、何が残るのだろう。自我が他の形をとって覚醒するのでなければならないはずだ。それは、身体なしに可能なのだろうか。まだ答えの出ていない根本的な疑問が残る。

たらい

水の冒険をもう一つ。驚くべき霊媒能力を発揮していた、さる有名な女性手相占い師から、私はこう言われていた。

「水にはくれぐれもお気をつけなさい。水はあなたの生命を脅かす、とても危険なものですから」

もっとも、女性占い師がすべてそうであるように、彼女も、未来より過去を見ることに優れていたのだが。ある筆跡鑑定者も、私の筆跡に同じ警告を認めた。もちろん、気をつけるとしよう。半世紀前には思いも及ばなかったようなことを知ったり、まだ見えずにいたことが見えるようになると、どんなことも否定し切れなくなるものだ。

ところで、これは、同じ運河の水面で起きた、また別の事件。

洗濯場の近くを通るたびに、われわれは、三脚台の上でゆったり休んでいる大きなたらいに見とれていた。そして、こんなたらいなら、水に浮かべて人間が一人、いや二人乗っても絶対大丈夫だろうと、父が一度ならず断言しているのを耳にしていた。この断言はしっかり聞き届けられ、私は、チャンスが来たらさっそく冒険を試みてやろうと、ずっと心に思っていた。

ある朝、階段を下りて行くと、料理人のひとりがいて、父と母が家にいない、どこへ行くかも告げずに出かけてしまった、と私に教えてくれた。

「きっと、ゲントにいらっしゃったんだわ」、と彼女は言った。「奥様は昼食のオーダーもなさるのをお忘れになったから、晩までお帰りにならないおつもりでしょう。何をお作りすればよろしいのかしら」

「まずセロリとコルニションがたっぷり入った鶏の煮込みでしょ、それからマカロンを添えたチョコレートプリンでしょ、それからバニラのゴーフル十二個くらいでしょ、それからリンゴのフリッターも十二個でしょ、ええっと、それから……」

「もう十分でございますよ。鶏の煮込みをご用意し、あとは奥様をお待ちしましょう」

さて、私は弟を呼び、たらいを試すのは今しかない、と言った。われわれは洗濯場へ走り、われわれより年上で力もある庭師の息子の助けを借りて、ようやくこの巨大な半欠けの浮子《うき》を運河の岸までころがし、水に浸けることに成功した。

この嬉しい出来事を見越してか、数日前から、私はインゲン豆用の竿と、両端に釘を打った板切れ二つを使って、簡単な櫂を作り上げていた。

たらいが浮かんだ。私の協力者たちは、私がそこに慎重に乗り込み、何とかバランスを取ろうとしている間、ずっと、たらいをしっかり支えていてくれた。私は、私の丸い小舟の中央に居心地よく腰を落ち着けた。出発の合図を出す。私のインゲン豆用の竿よりもっと長いホップ用の竿を使って、彼らが私を沖へと押し出し、私は私の櫂をはじめて一漕ぎした。たちまち、私のたらいは、オランダ独楽のようにくるくるくるくる回り始めた。私は必死になってこの恐ろしい回転を止めたが、この航海が思っていたほど楽しいものではないことを理解した。自分が右か左かに傾いてしまわないようにしながら、ひどくゆっくり、ひどく慎重に、櫂を交互に少しだけ入れて進んでゆかねばならないだろう。何せこの小舟ときたらすぐに傾いて、一時も落ち着いてなんかいられないのだから。ちょっとでも動きを読み間違えたら、たらいはまるごとひっくり返り、私を水底へと投げやるにちがいない、と私は感じていた。そうこうしているうちに、運河の真ん中に来ていた。私は岸へ引き返す立派な口実を見つけたいと思ったが、自尊心がそう簡単には許さなかった。そのとき、突然金切り声が上がり、岸をこちらに向かって近づいてくる父と母の姿が見えた。母は狂ったように泣き喚いて激しく暴れ、父が何とかそれを押さえて鎮めようとしている。と、急に母が道を引き返し、われわれのいるところから三百五十メートルほど上流にある旋回橋の方へと走り出した。

さらに恐ろしいことに、私には、旋回橋を開けるよう威圧的に声をとどろかせる、大きな貨物船の汽笛が聞こえた。船の通行を許せば、貨物船はすぐに私の上にやって来るだろう、私のことなど気づかないだろう。わたしは途方に暮れた。岸からは、近くまで来ていた父が、私に戻って来いと合図をし、やさしく話しかけ、慌てるな、岸辺に向かってゆっくり漕ぐんだぞ、と言った。必要なだけの時間はあった。母が橋の操作係のところへ駆け寄り、私の安全が確保されないかぎりは橋を旋回させないよう頼んでくれたのだ。私は落ち着いて上陸した。父はいきなり私の襟首をつかみ、自分の部屋まで引っぱって行くと、そこで、大粒の喜びの涙を拭いながらも、怒りをつのらせて、私を尻剥き出しにし、私の叛逆天使としての経歴上最も記憶に残る尻叩き刑に処した。

息を切らせて母が駆けつけ、刑の執行をやめさせて、腰をさすっている私を、息が止まりそうになるほど強く抱きしめた。そして、まるで私がびしょ濡れで水から出て来たかのように、暖かいタオルで拭いてマッサージし、やけどしそうなくらいに熱くした毛布でくるんでくれたので、おかげで私は、夜までその中で蒸されることになった。大嫌いなエッグ・ノックを飲まされた。ほんとうは死にそうなほどお腹が空いていて、こんなこととても言えなかったけれど、私から遠く離れてみんなが美味しそうに食べている、この季節ならではの最高のポ・ト・フの、この上なくいい匂いを吸い込んでいたのに。美しい食堂は、雪や氷にあやどられた鍾乳洞のようにひんやりしていることだろう。そんな鍾乳洞を、昔、アルデンヌの森で見たことがあった。

ミツバチ

庭の奥に、父が仕事場に改造した藁葺きの家があった。家は蔓植物にすっかり覆われていた。父は、一日中そこにいた。朝八時にそこに入り、正午までそこにいて、昼食をとりに来るが、すぐまたそこに戻り、夜の七時か八時までずっとそこにいて、いつも、鍛冶仕事をしたウルカヌスみたいに真っ黒になって、あるいは箱船を削ったノアみたいに大鋸屑まみれになって、そこから出て来るのだった。この仕事場では、何でもできた。指物も、錠前作りも、配管作業も、鉄工も、塗装も。

父は大規模な企てが好きだった。まず取りかかったのは、養蜂所の設備の改造だった。それまでは藁製の古い釣鐘型巣箱しかなかったのだが、継ぎ箱と可動枠の付いた巣箱三十個を数週間で作り上げ、おかげで、遠心力を使った蜂蜜の採取ができるようになったのである。

ミツバチたちの古い棲み家は、現代的な超高級ホテルに置き替えられた。われわれが、国一番の、十全に完備された養蜂所を持ったことは確かだった。

われわれは、ミツバチに囲まれて育ったようなものである。巣箱は、菜園の奥の、モクセイソウやシナガワハギの咲く地面に並べて置かれていた。遊びの合間に、われわれは、よく、この疲れを知らぬ働き者たちに会いに行ったものだ。ミツバチの群を、まるでコーヒー豆みたいに移し替える術も教わった。刺されることは稀だった。辛い思いをして必要な経験は積んでいたし、もう何度も刺されて免疫ができていたのである。マスクも手袋もつけず、顔や手や腕を剥き出しにして作業をするのが、最高のエレガンスだった。

最大の秘密は、あまりに急激な動きと、強烈な香り、アルコールの匂い、そして、とくに人間の汗を避けることだ。人間の汗は、最もおとなしいミツバチをも錯乱させてしまうのである。

とはいえ、このおとなし過ぎるミツバチたちに、われわれの闘争本能は飽き足らなくなり、ある晩、私と弟はスズメバチに宣戦布告した。スズメバチときたら、乾燥した猛暑の夏には、夏中、わが家をわがもの顔に飛びまわるのだ。われわれは、大冒険に備えて装備を整えた。ズボンの裾を長靴に入れ、袖口を紐でゆわき、革の手袋をはめ、ベールの付いた帽子をかぶり、足の先から頭のてっぺんまですっかり武装すると、シャベルを手に、一番大きなスズメバチの巣を攻撃しに出かけた。

酢やレモン、アンモニア、汁が毒を緩和するというネギ一抱えなどがずらりと備えられて、救急センターというか仮設薬局といったものに変えられた小さなあずまやには、あらかじめ妹を待機させておいた。警報が発せられれば、そこまで退却して、そこを避難場所とし、そこで英雄的な薬剤師の治療を受けられることになっていた。

はじめのうちは、すべてうまくいった。怒り狂って群がってくる蜂たちに包まれても、われわれは防護服の中で笑いながら巣の探索を続行した。が、しばらくして、私も弟も同時に、背中の下の方まで潜り込んだ見えない敵に、何度も何度も刺され始めた。

ご存知のとおり、ミツバチはたった一度しか刺さない。刺したその場で死んでしまう。針の先が鉤状になっていて、一旦刺した針を引き抜こうとすれば、自分の内臓が同時に抜き取られてしまうのだ。ところが、スズメバチの針は滑らかで、何度も使える。

スズメバチは刺した傷口から針を引き抜いては、また同じ刺し傷に、続けて十回も二十回も針を挿し込むことができるのである。そして、われわれは、この、弾の切れない小型軽機関銃の犠牲となったのだ。しかも、それはわれわれの下着の奥深く入り込み、そこで止むことなく作動し続けた。すっかりパニックに陥ったわれわれは救済院のあずまやに駆け込んだので、そこは、たちまち怒り狂った一団に占領された。薬剤師は毒針だらけで狂わんばかりになり、恐怖の叫び声を上げながら逃げ出し、われわれも、ずっと追いかけられてへとへとになりながら、それでもようやく勝者たちを諦めさせることができた。勝者たちも、敗者同様くたびれてしまったのだ。締めくくりは、デザート抜きと父からの平手打ちの罰。いや、まだあった。それから二、三日、われわれはどうやって座ったらよいか分からなかったのである。

桃の木

父はまた、長さ二百メートルを超えるガラス張りのハウス作りに取りかかった。そこで桃の木を育てたのである。三、四年経つと桃の木は実をつけ始め、やがて豊かな実りをもたらすようになり、七、八月のよく晴れた日に、桃やネクタリンの香りでむせかえるようなこの一種の温室の中にこっそり忍び込んで、一番美味しそうなやつを巧いことくすねるのは、何より楽しかった。

桃の収穫量がかなりのものになると、何にでもすぐに夢のような計画を抱く父は、これをイギリスに輸出しようと、小箱を百あまり作った。ゲントとロンドンの間を行き来する貨物船の船長と知り合いだったのである。貨物船の名はバルモラル号といい、船長は「ボトル三本男」、つまり、一日にウィスキーのボトル三本を空けてしまう大酒呑みとして知られていた。酒浸りではあっても、一家の良き父親であったし、酔っぱらっているように見えたことは一度もなかった。

というわけで、ある日、父はお手製のケース百個を船に積み込むと、一緒にイギリスへ向かった。

桃の売り上げには大きな期待が寄せられ、天高く聳えるすばらしい空中楼閣が思い描かれていた。桃は立派だったし、父は一個につき五フランの利益を見込んでいた。それがイギリスでの相場だと聞いていたからである。

ロンドンに到着した。ケースは卸売業者のもとへ運ばれた。けれども、熟れすぎてから収穫された桃の半分はすでに腐っており、四千フランの儲けになるはずだったこの取り引きは、経費を差し引くと、不当にも、儲けゼロに終わった。

父は桃をあきらめた。果樹棚は根こそぎ壊され、薪となって火にくべられた。代わって葡萄の木が植えられた。授粉のやり方次第では、新しい品種を作り出すことが、フォンテヌブローのシャスラ種に、たとえばマスカット種特有の強い風味を加えることが可能なはずだ、と父は信じていたのである。たしかに、それは可能だった。最初の年の葡萄には、ほとんどマスカットともいえるほどの風味が宿った。が、年とともにマスカットの風味は薄れ、葡萄は元のふつうの葡萄に戻ってしまった。

上手くゆかなかった例をもう一つ。さきほどの葡萄を、父は「ポリドール[★1]・ブドウ」と呼んでいた。そして、運命に打ちひしがれることもなく、今度は、その全活力を花に向けたのである。毎年、二、三の新しい花に熱を上げ、そのためなら他の花はすべて犠牲にされた。こうして私は、オオイワギリソウの年、モクセイソウの年、シクラメン、ストック、グラジオラス、アマリリスの年を、そして、地味なキンレンカの年をも体験することになった。

そういえば、菜園の入り口に、父が自分の庭の誇りとする一本の木が聳えていて、これが、同じ幹から養分を摂っているのに、レヌ・クロードと赤と黄色のプラムとネクタリンとアプリコットの実を同時につけていたことも思い出す。これも熟練した接ぎ木のなせる技で、何の不思議もないことなのだが、隣人たちを魅了してやまなかった。

わが父上は、このほかにも桃の新種を一つ作り出し、桃には彼の名がつけられた。今も、当時の果樹園芸雑誌に「メーテルリンク・モモ」の名を見ることが出来るが、どうやら品質は申し分のないものだったようだ。剪定バサミを手に、梨の木専用に作られた長い果樹棚の手入れにも余念がなかった。梨の棚は、野菜畑の区画を整然と仕切っていた。一本一本の梨の木の主枝には、番号の付いた鉛の環が填められており、この番号は、父がつねにポケットに入れて持ち歩いていた分厚い手帳に書き留められている、手短かな解説と符合するものだった。解説を見れば、梨の名前や主な性質、熟す時期などが分かるのだった。

ある夏の暑い午後のこと、前にもお話ししたことのある、私より少しだけ年上の従姉が、とんでもないことを思いついた。彼女にはさからえない。おびえながらも従った私の協力のもと、彼女は鉛の環をはずすと、帽子の中でかき回してごちゃ混ぜにした。そして、われわれはその環を、手あたりしだい、でたらめな場所につけ直したのである。

それは罪もないパパの心に不安の種をまいた、園芸学上の大異変だった。環の数字と解説の番号が一致しなくなったのだ。すべてが覆されていった。ベルガモットが、アヴランシュ地方のルイーズ＝ボンヌが、ボン＝クレティアン・ウィリアムスが、ソルダ＝ラブルールが、ゼフィリヌス＝グレゴリウスが★2、法に逆らって、ほとんど人間的とも言えるような無政府状態に陥っていったのである。とろけるような梨であるはずのものが歯ごたえの良い梨になり、甘い梨であるはずのものに酸味のあることが分かり、十二月に熟すはずの梨が七月に赤くなったりした。

途方に暮れた父は樹木栽培というものが信じられなくなり、花の栽培に戻ることにした。こんなふうに、ほんのちょっとしたことが予想をはるかに超えた事態を引き起こすということはよくあるが、そのもととなった事柄にしても、たいていは、後先考えない従姉の気まぐれとたいして変わらぬ、不思議でも奥深いものでもないことなのであろう。

★1——ポリドールというのは父の名前で、トロイア戦争のとき、弱年ながら足の速さに自信を持ち、血気にはやってアキレウスに挑んで殺されたとされるポリュドーロスに由来する。この名前を授かった父は、この神話の人物に類似の性格に生涯悩まされた。

★2——いずれも梨の種類で、ベルガモットはトルコ語の「領主の梨」が語源、ルイーズ=ボンヌは十七世紀にこの梨を好んだルイーズという女中《ボンヌ》がいたため、また、ボン=クレティアンは「万能薬となる」といった意味のラテン語に由来するとされる。ソルダ=ラブルールはフランス語で「農民兵士」の意。ゼフィリヌスおよびグレゴリウスはともに教皇の名である。

●解説

メーテルリンクの「美しい人生」

杉本秀太郎

「少年の夢が老年におよんで実現する。これを美しい人生という」。だれのことばだったか。『ガラス蜘蛛』を読むうちにこれがよみがえったのは、近ごろのうれしい経験ということができる。

二十四の断章をつらねたこのエッセイは、一九三二年、メーテルリンク七十歳の年に出版された。目次の順に読んでゆくと、はじめVII章で水蜘蛛のおよその正体が浮かび出る。このふしぎな水生蜘蛛を話題とするに先立って、セキショウモという水中生息に終始する、またふしぎな植物の受粉形態が素描される。牽牛織女の二星よりもなおあわれをさそう運命と見せながら、たった一粒の空気の泡を封じこめているおかげで、雄花はいのちと引き換えに水面まで浮上すると同時に花粉を水上に達して待機している雌花に投げかけてのち流れ去る。この空気の泡一粒が水蜘蛛とセキショウモの雄花との共通項ということは、まだ伏せて明かされていない。

虫たちのなかには、人間の先端技術がいまだにおよばぬ装置を先史時代から発明利用している種が存在する。かれらが人間を排除する時代が来ないとは限らぬとメーテルリンクは考えるがそれは一先ずさし置かれて、話題がクモ類に移るのだが、このとき、オニグモ属の二十程のクモの呼び名を列挙して、「シェイクスピアの夢幻劇のプログラムを思わせる」とメーテルリンクは言う。クモの話が生物観察の領域と文学創造の領域のあいだに張り渡されたクモの巣のような話になること、クモの話は生命に充ちた宇宙のなかでの生命の形と形の生命との両方に触れる話になることが、ここで予感される。この予感がピンとひびかない人には、このあとの水蜘蛛=ガラス蜘蛛の話題を聞くことが半ば苦痛になることはあり得るだろう。

水蜘蛛の生態は、詩ならびに散文に生成され言語化される精神の場における精神の生態をうかがう手がかりとして、メーテルリンクによって叙述されることになる。人間には、ただ知能の働きにおいて水蜘蛛の知能を想像することがかろうじて許されている。透明な潜水服および水中の釣鐘型の部屋を発明し、そのなかに空気をたくわえて生命を保持している水蜘蛛、そのいのちの始源を保証しているクリスタルの潜水服は水面上の空気に触れるや否や、あっという間に破裂するが、あっという間に同じ装置を再製造して水中に戻る水蜘蛛——一切万事が水中の空気繭《まゆ》に左右されるこのクモの生態にメーテルリンクの灼けた氷のような知能が関心を寄せ、次第に融けて四元素のなかに戻るまでのあいだ、水蜘蛛をめぐるこの人の思いが言語化され、精神の生態を水蜘蛛の生態と同様に、いわば同時、同場にえがき出してゆく。人間の知能の限界が限界となる程度に不完全、不十分とはいえ、つねに不備でしかないとはいえ、こうして一つづきのエッセイが試《ため》される。

『ガラス蜘蛛』は第VIII章を境いに前後に二分されている。

後半には、目の前のガラス瓶のなかに生きている水蜘蛛を日夜観察しながら、このクモの研究者たちの報告を検討する作業がつづく。この作業には『蜜蜂の生活』(一九〇一)、『白蟻の生活』(一九二六)、『蟻の生活』(一九三〇)の三部作によって、また『花の知能』(一九〇七)によって、博物学者とエクリヴァン(文人)との共生を証明したメーテルリンクの、もう一たびの証明があきらかである。生命の現象をありのまま記述するとは「虫の習性、習慣、特性、心理」に触れながら記述することだと、かれは第VII章で言っている。この記述が上首尾を収めるか不首尾におわるかは、文体の有無できまる。エクリヴァンの働き所がそこにある。このことはまさに『ガラス蜘蛛』の本文が示していることだが、前半後半の境いにある第VIII章は、とりわけ文体に係わる要めの用を果たした一章である。

かれは不意に幼少期の記憶をたどりはじめる。「あれは一八七〇年のこと。私の周囲で、ひとびとがフランスの最初の敗北を嘆いてしきりに戦争の話をしていたので、はっきり覚えている。したがって、私は七、八歳だった。ひそかに博物誌に関心を寄せていた私の祖父が、ゲントの優れた昆虫学者であるフェリックス・プラトーの手引きで自分の庭の水たまりに見つけた水蜘蛛を、私に見せてくれたのである」。この祖父のこと、蜜蜂の巣箱、庭の昆虫たち、ゲントの生家の魚料理、とれたての魚のおどる運河の岸。追憶の筆致もまた蜜蜂の翅のように、日光にきらめく魚鱗のように快い音を立て、ピチピチ跳ねている。さらにこの先を引用したい誘惑に私は屈服する。

今でも、祖父の「博物誌の小部屋」の机の上に、ガラスの容器、ごくふつうのジャムの瓶が置いてあって、その中で、祖父がギリシア語源にしたがって「私の銀色の蜘蛛たち」と呼んでいたものが、元気に跳ね回っているのを見るような気がする。私の心はすっかり彼らのとりこになった。それから六十二年間、蜘蛛たちのことはまったく忘れてしまっていたのだが、数カ月前、ベルギーから、子供の頃目にしたものと見事なまでによく似たジャムの瓶が私の手元に届き、中に、やはり、半ダースほどの水銀の玉が、まさに予想していたとおりの水銀の玉たちが、現実のものとして動き回っていたのである。私は目を疑い、時間の観念を失い、このささやかな巡り合わせのなかで、運命の途方もない神秘の一端に、じかに触れたような気がした。

『ガラス蜘蛛』のエッセイはここからはじまったのだ。ゲントの博物誌を遠景に、植物学、昆虫学、進化論、形態学を中景に、水蜘蛛を近景に配した画面には、メーテルリンクの少年時代の夢が、そのごの学問によって練磨され、詩、戯曲、散文によってつやをおびた手と、初心を忘れない詩人の魂と、そしてメーテルリンクのなかで居所をしきりに変える「腹の虫」との共生、共同によって描かれている。美しい人生。しかも、こうして描かれた画面には、フランドルの低い地平線ゆえに大きな場を占める空を、大小さまざまな渡り鳥のように去来する雲、微塵の氷片となって流れ、光と熱を遮る霧が、永遠の相のもとに附きまとっている。メーテルリンクは物事がたやすく解決することのない方向へ、つねに知能をめぐらせる人である。

このエッセイの訳者、高尾歩さんには、早くに『花の知恵』の翻訳がある(一九九二年、工作舎。先ほど私はこの表題を私の都合から『花の知能』としているが)。同書の「解説」に高尾さんは私がここで言いたかったことを別の言い方でしるしている。いま、そのことに気づいた。「メーテルリンクにとって、人間の知性は、何より自ら闇を用意して自己証明を行なってゆく永遠の生成原理であった。闇は、それが認識されるとき既につねに知性の衝動を引き受けている。そして、メーテルリンクにあっては、その闇のなかに必ず、姿形を纏いながら自分と共振している何らかの心像《イマージュ》が現われ、知性は微光を放つその像とともに闇に向って謎解きに出かけてゆく」。いかにも。これはこれで的確な言い方である。

もう一つ、付け加える。メーテルリンクは一八八九年、二十七歳のとき、それまでに書いた詩をまとめて詩集『温室』をパリで少部数(一五五部)出版した。釣鐘型の大きな温室に閉じ込められている植物にわが身をなぞらえ、いわば寄物陳思の手法を用いて倦怠という近代の病いをテーマにした詩集。詩集と同題の冒頭の一篇には、こんな詩句がみえる(引用は拙訳『温室』一九八五年、雪華社による)。

深い森の木立にかこまれた　温室
そして　いつまでも開かれない　温室の扉
そして　温室の円屋根の下にある　すべてのもの
そして　温室とそっくりなわたしの魂の下にある　すべてのもの

また「待ちくたびれ」という詩はこんなふうである。

私の魂が　見なれぬ恰好の両手を
私のまなざしのはるか彼方で組み合わせている

あなたの天使たちの唇のあいだに
まき散らされた私の夢に　おめでとうといってください

疲れている私の目のまえで待ちくたびれたのでしょう
私の魂は瞼の隙間に挟まって死にそうになっている
お祈りの文句をとなえながら唇を開いたままでいるのに
私の魂の百合の花は開いてくれない

私の魂は　私の物思いの奥底に
私の睫毛の木かげに乳房の花びらをしずかに散らして
うその蜘蛛の糸にひっかかってびっくり目をさますと
あぶない瀬戸に　しきりに流し目を送っている

詩集の巻首を振り返ると、次のようなシェイクスピアの一行がエピグラフとしてしるしてある。「そして手には　もっと多くのものを私たちに示してくれるガラスの盃」。『温室』から『ガラス蜘蛛』へ。ここにも一つの輪が結ばれている。この輪はぴったり閉じているのか、いないのか。水蜘蛛が動いて輪の締めをゆるめている気配がある。

三月十四日、雨となった午後、東京からたずねてきた工作舎の田辺澄江さんを深泥池《みぞろいけ》に案内した。一九三〇年九月、ひとりの生物好きの中学三年生吉沢覚文が、京都盆地の北北東隅にあるこの池で採取したタヌキモを観察していて、計らずも見つけた水蜘蛛の雌雄各一頭が、日本で最初の水蜘蛛生息確認となった。メーテルリンクの『ガラス蜘蛛』がファスケル社より出版された二年前のことになる。だが、かれが極東の島国でのこの発見と反響を知っていたとは思えない。

日本の水蜘蛛はそのご、一九四一年に北海道の厚岸《アッケシ》で発見されてのちは一九七七年四月、ふたたび深泥池で四十七年ぶりに雄一頭が発見されるまで、生息確認は絶えていた。この再発見に力を得た研究者たちが津軽半島車力村、北海道霧多布《キリタップ》湿原、釧路湿原で相次ぎ生息を確認することになる。深泥池では一九八二年に雌一頭がトラップにかかり、一九九三年には池中の浮島のミズゴケに多数の生息が確認された。これ以後については、怠っていて私はたしかめていない。

——お目当ては、どのあたりにひそんでいるのでしょうネ。

無意味なことをつぶやいて、春雨にけむる池をながめた。メーテルリンクがもっと長生きしていたら(一九四九年没、八十六歳)、日本にきてこの池を見たかもしれないのに。そして『青い鳥』の作者、またノーベル文学賞の受賞者(一九一一年)として、深泥池の保護に何ほどか力を添えてくれたかもしれないのに。

早春の池は浮島がすべて沈下しているので広びろとしていた。カモのむれから離れて、岸近いところにカイツブリの一対いが水に潜っては思いがけないあたりで浮かび出ては、あの悲しみしか知らないひとのような声で呼び交わしていた。むかし「みぞろ」の村人の習俗だったジュンサイ採りの盥舟《たらい》が、まぼろしとなって鳰《にお》の浮巣のように泛んでみえた。

二〇〇八年四月七日

(すぎもと・ひでたろう/フランス文学)

『ガラス蜘蛛』雑感

宮下　直

出版社の方から『ガラス蜘蛛』という本にでてくる難解な用語の翻訳を依頼されたとき、私の頭には生身のクモではなく、ガラス細工の工芸品が浮かんだ。小説では「狼」や「狐」といった生物の名前がタイトルに使われることがあるが、大抵は比喩であって、実際に彼らが登場することは滅多にない。でもこの本は、実在する生物種についての、それもかなり科学的なエッセイといえる。本文にもあるように、ガラス蜘蛛は、「ミズグモ」という和名がついた生物種である。だから、生物学的には「ガラス蜘蛛」はもちろんのこと、「水蜘蛛」とも書かない。「人間」に対して「ヒト」という和名があるのと同じである。

ミズグモは日本ではとても珍しいクモである。北海道の釧路湿原や青森県、京都府、大分県、鹿児島県のごく一部の池からしか見つかっていない。そのため、「絶滅のおそれのある野生生物」に指定されている。そんな珍しい生物をメーテルリンクはごく身近な生き物として観察している。実はそれもそのはずで、ヨーロッパ北部やロシアなどのユーラシア大陸の寒い地域には広く分布している。海外の事情はよくわからないが、文献を見る限り、どうやらヨーロッパでは決して珍しい生物ではないようだ。

ミズグモがどれほどユニークな生物であるかは、この本を読めばよくわかるだろう。水中に空気の部屋を作って暮らす習性は、他の生物ではほとんど知られていない。だが最近の研究から、さらに隠された特徴があることがわかってきた。まずミズグモは水中の酸素濃度が低い環境を好んでいるらしい。ミズグモは空気室の中で暮らすので、水中の酸素濃度が低くても困らない。むしろ天敵である魚が窒息するような環境なので、クモにとっては安全である。また酸素濃度が低い環境は、ミズゴケなどの水生植物が作り出したものである。ミズゴケはクモが暮らす空気室を支える足場になるので、これまた好都合である。他の生物には暮らしにくい環境も、ミズグモにとってはむしろ快適な環境なのだろう。

もうひとつ面白いのは、ミズグモでは雄が雌より大きいことである。クモではふつう雌が大きく、ジョロウグモやコガネグモでは体重が雄の十倍以上もある。これは卵をたくさん産むための適応である。当然力の差は歴然で、交尾の後に雌が雄を食べてしまうことさえある。ではなぜミズグモでは雄が大きいのだろうか。実はこれにも水中生活が関係している。クモに限らず、多くの生き物は雄が雌を求めて活発に動き回る。陸上では動きに対する空気抵抗はほとんど無視できるが、水中では水の抵抗はとても大きい。だから、小型でパワーのない雄は雌を見つけることができず、結果として大きい雄だけが生き残ってきたと考えられる。厳しい世界である。

ミズグモは確かに面白い生物の代表格といえる。だがクモの世界は奥深く、もっとすごい生活をしている者もいる。イソウロウグモ(居候蜘蛛)は、他のクモの網に居候して餌を盗んで生活している。ふつうは「こそ泥」で暮らしているが、「強盗」や「蜘蛛食い」、「網食い」もやらかすことがある。クモは生き物の世界で相当に繁栄したグループである。繁栄した世界には必ずイソウロウグモのような寄生者が現れるようだ。もうひとつ紹介しておきたいのは、ナゲナワグモ(投げ縄蜘蛛)である。このクモは一本の糸を操って雄の蛾を捕らえて食べる。糸の先端には強力な粘着物質が付いていて、蛾がそれに触れると逃れられない。こんなシンプルな道具だけでは少々心もとないが、何とナゲナワグモは雌の蛾のフェロモンと同じ物質を体から放出して、雄の蛾を誘き寄せるという信じがたい能力をもっている。雌がいると勘違いした哀れな雄の蛾は、まんまとナゲナワグモが仕掛けた罠にかかって食べられてしまうのである。イソウロウグモもナゲナワグモも、その習性は人間社会にも通じるところがある。

クモは面白い生物であるだけでなく、人間の役に立つ生物でもある。農作物の害虫が大発生するのを未然に防ぐ働きをしているからだ。農薬による害虫の駆除は効果的な面もあるが、その一方で生態系や人間の健康に大きな負荷をかける。最近各地で話題になっている有機農法は、農薬や人工肥料などの合成物質をなるべく使わず、自然が本来もっている力を最大限に引き出そうという考え方に基づいている。有機農法では、クモは農薬に代わる「環境に優しい生きた農薬」とも言える。多くのクモが棲める水田や畑は、害虫が大発生しにくい豊かな環境なのである。

この本の読者には、いわゆる理系ではなく文系の人が多いに違いない。本書がクモの面白さを世に宣伝することの一助になれば幸いである。なお、クモの面白さをもっと知りたいという方は、『クモの巣と網の不思議』(池田博明　編、文葉社)を是非一読されるとよい。クモの生態について、アマチュア研究者が一般向けに書き下ろした大変わかりやすい本である。

二〇〇八年　春

（みやした・ただし／農学生命科学）

●——訳者あとがき

パリの国立植物園の標本室に入ったことがある。植物園の研究職にあった友人の父が、研究室の誇る押し花標本もさることながら、押し花たちをくるんでいる古いセピア色の日本の新聞を私に見せようとしてくれたためだ。彼の手で大きなうすい抽き出しがゆっくり引かれると、瞬間、標本棚から濃密な別時空が立ち上った。あの匂いを忘れない。帰り道、メーテルリンクに『ガラス蜘蛛』という作品があることを教わった。あるいは、ああした古い新聞紙のどこかに花に引き寄せられた蜘蛛の入り込んでいることが少なからずあって、それが植物学者をこの作品に惹きつけたのかもしれない。

あれから随分と時を経て、縁あってこの作品を日本語で紹介することになった。本書の主人公である水蜘蛛が現在絶滅を危惧されている生物の一つであることも、あらためて知った。水蜘蛛といえば、日本ではアメンボか忍者の水上歩行技か人間を糸でからめて水中に引きずり込む妖怪が思い浮かぶといったところだろうか。あるいは、フランスの幻想文学作家として翻訳紹介されているマルセル・ベアリュの小説『水蜘蛛』の、あの妖しい美少女が思い出されるかも知れない。メーテルリンクの水蜘蛛は、生まれ故郷ゲントの、「ヴェニスと同じくらい水に浸されたこの町の、周囲の水辺にはかなりたくさんいた」、小さな虫である。

最後の作品となったエッセー『青い泡《ビュル・ブルー》——幸福な思い出』の中で、メーテルリンクは、博物誌好きの祖父と園芸好きの父の影響を強く受けて過ごした少年時代の、いくつもの幸福な思い出を明かしている。ゲント郊外の水辺の大きな別荘や祖父の家は虫や花でいっぱいで、そこで過ごした日々は、少年メーテルリンクにとって楽しい驚きに満ちあふれた黄金時代であった。水蜘蛛たちとの出会いもここに始まる。祖父の〈博物誌の小部屋〉と銘打たれた書斎の机の上に置かれたガラス瓶の中、「水銀のように光る小さな玉たち」が紡ぎ出すミクロのワンダーランドへ、少年は、アリスのウサギの穴さながら、ストンと引き込まれてしまったのである。そして、六十年余り後、知人から送られてきたガラス瓶の中に水蜘蛛を見つけたメーテルリンクは、蜘蛛たちを夢中になって観察し、本書『ガラス蜘蛛』を一気に書き上げたと言われる。

驚異の現象に立ち会える特権的ポジションに身を置くこと——、このことに対する執着と、その在り処を感じとる直感とは、どの作品のメーテルリンクにも共通する。はっとするほど素敵なものに出会うため、『花の知恵』の作家は花々にあふれる温室や南仏の野に出かけた。『ガラス蜘蛛』の作家が向き合うのは、ヨーロッパも北方の池や沼の水中世界である。

じつは水難の相があるとさる有名な占い師から言われ、少年時代には「冒険」を試みて危うく三度も溺れそうになったことがあると、やはり『青い泡《ビュル・ブルー》』に語られている。自分にとって親しくもあり恐ろしくもある水の中を、呼吸鰓も持たず、空気の泡ひとつ抱えただけで生き抜いてゆくキラキラ輝く銀色の水蜘蛛。この不思議に見入っている少年メーテルリンクの姿に重なって、同じように「子供のように目をまるくして」これに見入っている七十歳のメーテルリンクの姿が目に浮かぶようだ。

この銀色の水蜘蛛はまた、クリスタル・ガラスのアンプル潜水服を瞬時に纏い、水中に素敵なダイヤモンドの釣鐘型ドームを作り上げてそこに心地よく棲まうと見える、ガラスのイメージあふれる「ガラス蜘蛛」、――子供の頃からガラスの温室やガラスのドーム、ガラスの伏せ鐘、ガラス鉢、ガラス瓶、クリスタル・ガラス、結晶、ガラスの気泡、ガラス球、そうしたものたちに囲まれ、これらを愛してやまなかったメーテルリンクにとって、何より慈しむべきガラスのオブジェである。もっとも、メーテルリンクのガラスは脆く儚く砕けるものではなく、その内側に嵐も起これば宿命のドラマも起こる、完結したミニチュアの世界を閉じ込めたガラス球のそれであり、「ガラス蜘蛛」も、驚異に貪欲な眼差しに完全な透明性を持ってその世界を差し出す、一つの密閉したワンダーランド、メーテルリンクにとっての幸福の泡の一つ、なのである。

翻訳は、一九三二年刊行のFasquelle版に拠った。出版に際し、名文筆家にして、日本における最高のメーテルリンク研究者、訳者、また理解者でおられる杉本秀太郎先生に、薫り高い文章をお寄せいただく光栄に恵まれた。先生の筆に描かれると、メーテルリンクの作品は、いつも俄然ハンサムになる。なぜだろう。魔法のお力添えをいただいた先生に、心より御礼申し上げたい。さらに、蜘蛛の生態や学名に関しては、こちらも、蜘蛛学について最高の知のネットワークを築いておられる東京大学の宮下直先生に詳しくご講義いただく幸運に恵まれた。先生のお話をうかがうと蜘蛛を愛さずにいられなくなることは、素敵な解説をお読みいただければおわかりだろう。厚く御礼申し上げるとともに、今後とも水蜘蛛の強い味方でいていただくよう、ぜひともお願いしたいと思う。

聞けば、この春、井の頭自然文化園の水生物館や三鷹の森ジブリ美術館のあたりで、水蜘蛛がひそかにブームになっていると言う。どうやらこのちっぽけな不思議な生き物は、だれのなかにもある子供心をつかんで放さぬらしい。

最後になってしまったが、こんなに楽しい本に仕上げてくださった、工作舎デザイナーの宮城安総さんと佐藤ちひろさん、そして編集の田辺澄江さんに、心からの感謝を表したい。

二〇〇八年春

高尾　歩

［著者紹介］

モーリス・メーテルリンク Maurice Maeterlinck

一八六二年八月二十九日、ベルギーのゲント市に生まれる。イエズス会の名門サント・バルブ校からゲント大学に進み、法律を学ぶ一方、友人たちと詩作に耽る。弁護士になることを目指して向かったパリで、リラダンらパリ文壇に輝く詩人たちと出会い、文学の道に入ることを決意。一八八九年、二十七歳のときに詩集『温室』を出版し、以後、詩や戯曲をつぎつぎに執筆する。世界的に有名な『青い鳥』は一九〇六年の作。一九一一年にはノーベル文学賞を受賞。昆虫や植物の世界を独自の神秘主義的世界観のもとに捉えた『蜜蜂の生活』、『白蟻の生活』、『蟻の生活』、『花の知恵』などの作品は、博物文学の名品とされる。

［訳者紹介］

高尾歩（たかお・あゆみ）

早稲田大学卒業、明治大学大学院修了。明治大学講師。十九世紀末から二十世紀にかけてのフランス、ベルギーの詩、およびシュルレアリスムを研究。訳書に、モーリス・メーテルリンク『花の知恵』（一九九二年、工作舎）。

ガラス蜘蛛《ぐも》

発行日——二〇〇八年七月一〇日
著者——モーリス・メーテルリンク
訳者——高尾歩
編集——田辺澄江
エディトリアル・デザイン——宮城安総＋佐藤ちひろ
印刷・製本——株式会社新栄堂
発行者——十川治江
発行——工作舎　editorial corporation for human becoming
〒104-0052 東京都中央区月島 1-14-7-4F
Phone:03-3533-7051　Fax:03-3533-7054
URL:http://www.kousakusha.co.jp
E-mail:saturn@kousakusha.co.jp
ISBN 978-4-87502-411-8

ダーウィンの花園

◆ミア・アレン　羽田節子＋鵜浦 裕＝訳

進化論のダーウィンが生涯を通じて植物を愛し、その研究に多くの時間を費やしたことは意外に知られていない。植物と家族と友人との愛に恵まれた新しい素顔が見えてくる。

●A5判上製●392頁●定価　本体4500円＋税

動物たちの生きる知恵

◆ヘルムート・トリブッチ　渡辺 正＝訳

ロータリーエンジンの考案者バクテリア、ハキリバチが作るモルタルの育児室、白蟻の空調システムつきの砦など、生き物たちの暮らしぶりが語る、環境にやさしい先端技術へのヒント。

●四六判上製●322頁●定価　本体2600円＋税

動物の発育と進化

◆ケネス・J・マクナマラ　田隅本生＝訳

発育の速度とタイミングの変化は動物の形の進化に大きな影響を与えた。成体を対象とする自然淘汰・遺伝学では不完全だった進化論を補う理論「ヘテロクロニー（異時性）」、本邦初紹介！

●A5判上製●416頁●定価　本体4800円＋税

イモリと山椒魚の博物誌

◆碓井益雄

媚薬イモリの黒焼きの作り方や呪術譚、魯山人風生姜煮など山椒魚の料理法や薬用法、人魚やサラマンドラ伝説など、両生類の特異な2種を生態学、民俗学、文学から徹底分析した貴重な書。

●四六判上製●340頁●定価　本体2900円＋税

7/10（セブン・テンス）

◆ジェームズ・ハミルトン＝パターソン　西田美緒子＋吉村則子＝訳

地球の7/10は海、人体の7/10は水。この数字の妙に魅了された詩人が、海と人間の関わり、移りゆく地球の姿を綴る。海図づくり、海賊と流浪の民、難破船と死、深海の魅惑など。

●A5判上製●300頁●定価　本体2900円＋税

コルテスの海

◆ジョン・スタインベック　吉村則子＋西田美緒子＝訳

『エデンの東』『怒りの葡萄』のノーベル文学賞作家による清冽な航海記。カリフォルニア湾の小さな生物たちを観察する眼はまた、人間社会への鋭い批判の眼でもあった。本邦初訳。

●四六判上製●396頁●定価　本体2500円＋税